江口和明
令人無法抗拒的
美味甜點課
とんでもないお菓子

江口和明
譯者／J.J.Chien

前言

「大家好，你們有在吃巧克力嗎？」
這是我的YouTube頻道每支影片開頭的招呼語。
回到家的時候，重看這些影片，
總會不禁思考還可以怎麼調整每一個影片介紹過的食譜，
就是促成這本書的契機。

一開始抱持著「傳授正統專業的味道和技術」的決心拍攝這些影片，
但是，陸續從影片觀眾的留言中，留意到一些回饋。
「如果在家製作這些甜點的話，有沒有一些非必要的手續可以省略呢？」
畢竟身為專業的甜點師傅，一定會在很多製作手法上不斷精進，
該怎麼做到精簡呢？

舉例來說，在家裡製作甜點的時候，融化巧克力的步驟，
不選擇隔水加熱，而是用微波爐加熱融化藉此簡化工序，也不容易失敗。
草莓奶油蛋糕即使不抹面（在表面和側面塗上鮮奶油的步驟），
運用任何人都可以簡單完成的方法，就能做出美味又漂亮的裝飾。

製作甜點最重要的還是「開心地享受做出美味甜點的過程」。

因此，捨棄所謂的製作常識或是過度的細節講究，
構思出這些「任何人都可以成功，容易製作的簡單方法」的食譜。
抱持著想要讓大家都品嘗到真正美味甜點的心情，
確實掌握必需的步驟，也加入專業甜點師傅獨有的技術。

「太好吃了！」
「初次製作也不會失敗。」
「受到家人的好評，想要繼續製作。」

收到上述這些觀眾的回饋，成為我現在設計這些食譜的動力。

這本書是從 YouTube 頻道收集特別受到好評的食譜集結成冊，
有些食譜更是再度改良成更簡單製作的版本。
此外，和頻道一樣，「為什麼要這樣做？」的步驟也仔細清楚地說明。

「甜點的食譜這麼多，不知道該選哪一本好？」這樣的意見也經常收到。
別擔心，讓這本食譜成為你製作甜點的參考書吧！

這本書裡介紹的食譜，不是現在特別流行的甜點作法，
而是一輩子都可以使用的基本技巧。
掌握製作重點的話，
即使是料理入門的人，也可以成功做出美味的甜點。
如果對於這些書裡介紹的步驟實際是什麼狀況產生疑問的話，
可以掃描隨書附錄的 QR code，一起在我的頻道相見吧！

不管是喜歡製作甜點的人，還是想要做甜點給家人或是自己很在意的人，
甚至是和小朋友一起製作甜點，
我有信心這些食譜都是大家可以順利成功的方法。
請務必試著製作看看，如果能夠自己發揮巧思延伸變化也很棒。

這本書如果可以成為大家製作甜點的契機，
傳遞出享受美味甜點溫馨幸福的氣息，
讓大家展露笑顏的話，會是我最大的榮幸。
此外，如果能夠增加大家對甜點製作的興趣和好奇心的話，
對於我來說，會是更幸福的事情。

　　　　　　　　　　　　　　　　　　　　　　　　　　　　江口和明

CONTENTS

- 2 　前言
- 6 　不會失敗的新知識！製作甜點的嶄新訣竅
- 8 　製作甜點的成功捷徑　基本工具
- 10　只需要使用這個食材就能成就美味的關鍵　基本材料
- 12　關於保存

CHAPTER.1 經典款甜點

- 16　絕對不會失敗！最高等級的海綿蛋糕
- 20　讓甜點層次升級！鮮奶油的打發方法
- 22　不需要抹面和糖漿！最高等級的草莓奶油蛋糕
- 26　不會鬆散！濕潤口感蛋糕捲
- 32　鬆軟鬆軟入口即化　高級巧克力奶油蛋糕
- 36　只需要攪拌！不需要鮮奶油！濃醇巧克力蛋糕
- 40　不使用沙拉油！不會塌陷的戚風蛋糕
- 44　奢華濃郁的巧克力戚風蛋糕
- 46　伯爵茶香十足　皇家奶茶戚風蛋糕
- 48　只需要攪拌即可製成的正統口味　巴斯克起司蛋糕
- 52　輕鬆做出可愛的大理石紋路　草莓生起司蛋糕
- 56　酥脆外皮和濃郁卡士達醬雙重享受　餅乾泡芙

CHAPTER.2 常溫甜點＆巧克力

- 64 只需要1顆雞蛋製作　剛剛出爐的瑪德蓮
- 68 運用蛋白製作的甜點　焦化奶油費南雪
- 72 只需要攪拌和烘烤　巧克力柑橘瑪芬蛋糕
- 76 只需要攪拌　濕潤口感超濃郁巧克力磅蛋糕
- 80 清爽檸檬香糖霜蛋糕
- 84 只需要3種材料　超正統松露巧克力
- 88 酥脆濃郁的幸福口感　生巧克力夾心餅乾
- 92 可以自由變化的萬用餅乾

CHAPTER.3 人氣款甜點

- 98 不使用起司　鬆軟鬆軟舒芙蕾起司蛋糕
- 102 不需要烤箱。超快速製成　絕品反烤蘋果塔
- 106 不需要沙拉油　口感鬆軟有勁台灣古早味蛋糕
- 110 懷舊扎實口感　美味喫茶店布丁
- 114 不需要經過一晚的靜置　可以在家快速做出的可麗露
- 118 放涼也很美味　爆漿熔岩巧克力
- 122 最高等級的簡易版　牛奶風味馬卡龍

126 食材別索引

- 食譜標示的份量和調理時間可以當成標準參考，實際上使用的食材和工具不同，會有些微的差異，請自行根據製作的狀態調整。
- 烤箱的烘烤時間是以家庭用的電子式烤箱為標準標示。
- 請仔細將工具擦拭乾淨後再使用。工具沾到水或是油的話，都可能讓麵糊油水分離，成為甜點製作上產生瑕疵的原因。
- 請掃描食譜頁附錄的QR code，邊參考影片邊製作。也有部分食譜從影片裡擷取作法再次改良。

製作甜點

1　基本上使用金屬製的15cm烤模

書中主要使用的烤模，是直徑15cm可以取下底部的圓形烤模（鋁製/鐵氟龍塗層加工）。使用太大的烤模，家庭用的烤箱可能會火力不足，導致失敗的情況。這個尺寸則是使用標準家庭用烤箱可以成功完美做出甜點的烤模。此外，其它的烘焙烤模也請使用金屬製，矽膠的烤模導熱比較慢，無法讓麵糊充分烤發。

2　過度攪拌麵糊也OK

製作甜點的秘訣是充分攪拌麵糊至均勻的狀態。確實掌握麵糊的質地，可以均勻受熱，就能烤出美味的甜點。讓麵糊充分拌勻，一邊轉動調理碗，一邊用攪拌匙從底部往上拌（請參閱 P.18 **6 CHECK!**）。過度攪拌也無妨，比起攪拌不足，過度攪拌還比較不容易失敗。

3　一次性加入砂糖

雖然也有將砂糖分成數次加入的食譜，但是這麼做有可能會成為失敗的原因。分成數次加入的話，麵糊的穩定性會降低，容易會產生攪拌不均的情況，進而影響整體麵糊的質地。砂糖和其它材料可以充分拌勻的話，讓砂糖完全融入麵糊，就不需要分次加入。不妨一次加入所有的砂糖充分攪拌均勻吧！

4　過篩粉類

製作甜點的秘訣之一，就是要過篩粉類。只有一個種類的粉就過篩一次，如果是好幾種粉類的話則過篩三次。將粉類攪拌混合均勻的話，可以避免粉塊或是雜質。殘留在篩網上的粉，可以用手指按壓使其掉落。使用好幾種粉類的時候，從份量多的粉類依序過篩，可以混合得更均勻。

不會失敗的新知識！

斬新訣竅

5　使用微波爐融化食材

融化巧克力或是奶油，通常會用隔水加熱的方式，雖然使用這個方法也可以，但是使用微波爐加熱融化的話，就不用擔心途中會有水分溢入的情況，輕輕鬆鬆即可完成。為了避免水分溢入或是混入雜質，一定要封上保鮮膜再加熱。這本書裡的食譜，巧克力不需要調溫＊（tempering）處理。

＊譯註：調溫是一種將巧克力融化後，將溫度升高再降低，藉以穩定巧克力的技巧。

6　烤箱的預熱溫度＋10℃

烘烤麵糊之前，一定要預熱烤箱，但是將麵糊放入烤箱的時候，打開烤箱會讓烤箱的溫度降低。因此，請將預熱溫度比實際烘烤溫度調高10℃。此外，為了讓烤箱的溫度不要大幅度地降溫，開關烤箱的時候請盡快。

7　墊在烤模上烘烤

使用家庭式烤箱製作甜點的時候，火候是關鍵。特別是烘焙甜點，將麵糊放入烤箱，不只是上火，保持下火的導熱也很重要。因此，這本書裡的部分食譜，會另外墊在蛋糕烤模上烘烤，或是將烤盤上下翻轉烘烤，讓下部也能保有空間受熱。如此一來，從下面也可以導入熱度，烤出完美膨度的甜點。

8　蓋上濕潤的布巾

在製作過程中，有時候會有將還在混合過程中的麵糊靜置的步驟，這個時候，為了防止麵糊乾燥，在調理碗鬆鬆地蓋上沾濕的布巾，不要碰到麵糊。特別是打發蛋白霜的時候，這個時候麵糊會靜置一旁，蓋上濕潤布巾的話，麵糊的質感就能保持濕潤。

○ 馬卡龍需要製作出乾燥的質地，就不需要蓋上濕潤的布巾。

基本工具

製作甜點的成功捷徑

烘烤用微波爐
想要在家製作出美味甜點的話，推薦內部寬32×深29×高23cm以上、1000W並且可以烘烤至250℃的款式。

手持攪拌機
最好選用5段式的，至少也要3段式。攪拌用的鐵絲選用堅固耐用的款式為佳。

玻璃製耐熱調理碗
（大、中、小）
如果和打蛋器一樣都使用金屬製，可能會削落一些金屬，因此，選用可以微波的耐熱玻璃製的材質為佳。不需要有注入口的款式。

這些工具也不妨準備一下

菜刀

調理盤

砧板

麵包刀（波浪刃）

擀麵棍

平底鍋

小鍋

攪拌匙

考量衛生的話，推薦使用沒有接縫處、一體成型的矽膠製款式。全長26cm攪拌部位長9cm為標準。將攪拌匙的圓角處朝下攪拌麵糊。

篩網

單手就可以操作，方便過篩的篩網以直徑22cm左右的尺寸為佳。用在過篩粉類或是液體的時候。

計量秤

可以計量0.1～1g細微份量的款式。將放入粉類或是液體的容器放在計量秤上，可以設定歸零很方便。

擠花袋、擠花嘴

使用在將麵糊擠入烤模裡，或是裝飾時。推薦方便使用的塑膠製款式。這本書裡用的擠花嘴為圓形No.9、10、11以及星形No.10。

刨絲器

用在刨水果皮時，不會刨到有苦味的白色部分，只刨到表面層很方便。在百圓商店買得到的款式就很好用。

烘焙紙

用在鋪進烤模、過篩粉類、麵糰整形。這裡使用的是BRANOPAC的500×350mm的烘焙紙，當然使用捲筒式的烘焙紙也可以。

食品用OPP膠紙

雖然也可以使用烘焙紙替代，粉類沒有過篩也不會沾到麵糰的特性，以及透明可以清楚掌握麵糊的狀態，使用上很方便。推薦使用250×250mm、0.03mm厚度以上的款式。

烘焙墊

可以直接放上麵糰烘烤的矽膠墊。雖然也可以用烘焙紙取代，但是可以清洗反覆使用是其優點。

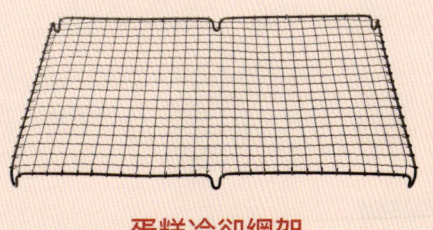

打蛋器

計量杯（耐熱玻璃製）

蛋糕冷卻網架

毛刷

保鮮膜

密封保存袋

竹籤

基本材料

只需要使用這個食材就能成就美味的關鍵

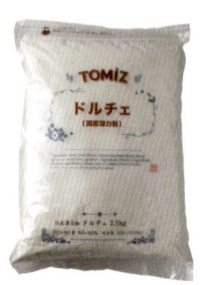

低筋麵粉

適合各種甜點製作、容易入手的「日清VIOLET」。如果講究一點的話，則推薦北海道產小麥製成的「dolce」，更適合製作甜點，可以做出更優秀的濕潤或是酥脆的口感。

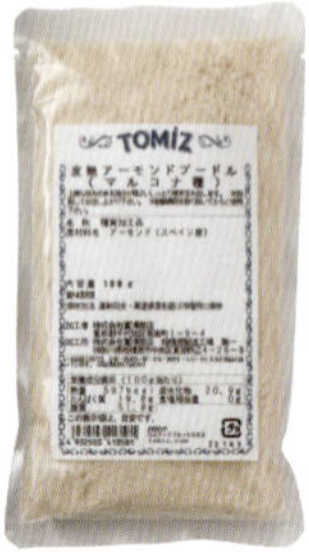

杏仁粉

西班牙產的Marcona杏仁粉屬於最高等級。新鮮杏仁磨出的香氣和甜味，剛剛好的濕潤感是其特色。

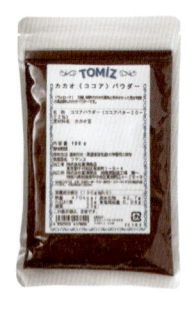

可可粉

最推薦以高品質的巧克力聞名的「VALRHONA」。因為風味強烈、顏色濃郁，製作而成的甜點品質更上一階。

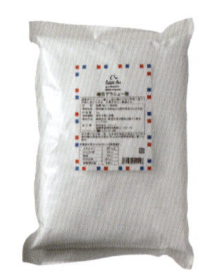

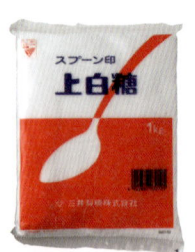

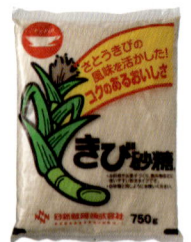

砂糖

純度高、容易和其它材料混合均勻的糖，就屬砂糖，其中還以顆粒微細的種類更適合用來製作甜點。如果用上白糖取代，做出來的甜點會更濕潤，甜味更強烈。此外，使用具有獨特風味的蔗糖或紅糖，製成的口味會更有層次。主要用來裝飾的糖粉使用的是沒有添加玉米粉的純糖粉。

巧克力

品質好的巧克力對於甜點的風味影響甚巨。本書食譜使用的是「DEL'IMMO」的可可含量41%、67%、70%的黑巧克力和白巧克力。請選用沒有添加植物性油脂或是化學甜味劑的巧克力。

蜂蜜

如果使用蜂蜜取代砂糖，可以創造出溫和的甜味。根據個人喜好的香氣和味道選擇蜂蜜的種類，講究一點的話，推薦可以試試看義大利的栗子蜂蜜，微苦帶有高級感的風味。

鮮奶油

分成動物性和植物性，請選用動物性的鮮奶油。具有濃郁的奶香和獨特的風味，和具有酸味的食材像是草莓特別適配。基本上使用的是35%乳脂含量的鮮奶油，裝飾性的鮮奶油則用47%左右的會比較容易成形。

奶油

製作甜點使用的無鹽奶油。使用有鹽奶油的話，無法控制鹽份的含量，導致不容易掌握整體的風味，因此，鹽請另外添加。

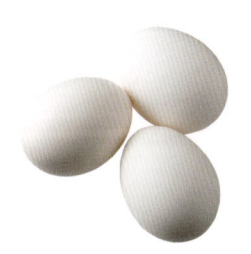

雞蛋

本書使用的雞蛋主要是M尺寸。請選用新鮮的雞蛋。如果剩下蛋白的時候，可以放入冰箱冷凍保存，解凍之後用來製作甜點（參閱P.69）。

香草精、香草油、香草莢

香草莢加上酒精做成香草精，香草莢加上油做成香草油。即使烘烤過後，香味也不容易散失的是香草油。想要品嘗真正的原味香氣時，則使用香草莢。

鹽

推薦使用來自法國的天然日曬鹽「FLEUR DE SEL」。這款鹽的特色是具有層次的風味和圓潤的甜味，和一般鹽做成的甜點，風味大不同。

洋菜粉

推薦方便使用的粉末狀。洋菜粉碰到水的話會結塊，因此，一定要以洋菜粉撒入水裡的方式混合，確實讓粉末吸收水份再使用。

泡打粉

使用手邊常用的泡打粉也沒問題，如果可以選用沒有含鋁的「AIKOKU」會比較安心。罐裝的設計使用起來更方便，也是其優點。

11

關於保存

基本上，甜點做好馬上品嘗是最理想的狀態，
如果吃不完，
請參考這裡介紹的方法，盡可能避免接觸空氣地保存。

- 沒有特別標記的話，用兩層保鮮膜包住，放入夾鏈袋裡，再放入冰箱冷藏或冷凍保存。
- 保存在冷凍庫的甜點，請先放在冷藏解凍，再放到陰涼的地方回復至常溫。
  避免劇烈的溫度變化（10℃以上）是重點。
- 保存期限會根據調理和保存的狀況有所變化。請根據季節或環境的變化，觀察甜點的狀態保存。

CHAPTER.1

P16	絕對不會失敗！ 最高等級的海綿蛋糕	冷藏3天，冷凍可以保存1週。
P20	讓甜點層次升級！ 鮮奶油的打發方法	開封後到隔天使用完畢是最佳狀態。使用不完的話，以打發的狀態放入保存容器，封上保鮮膜，冷凍可以保存1個月。想要使用的時候，先移到冷藏庫解凍，用在攪拌加熱的食譜。
P22 **P32**	不需要抹面和糖漿！ 最高等級的草莓奶油蛋糕 鬆軟鬆軟入口即化 高級巧克力奶油蛋糕	將具有深度的保存容器倒扣在蛋糕上，這樣做可以讓蛋糕的裝飾部分完整保存。冷藏可以保存3天，隔天吃完是最佳賞味期限。
P26	不會鬆散！ 濕潤口感蛋糕捲	冷藏2天，冷凍可以保存1個月。事先分切成一片一片，每一片用保鮮膜封好的話，想吃的時候只需要取出當下要食用的份量。
P36	只需要攪拌！不需要鮮奶油！ 濃醇巧克力蛋糕	冷藏1週，冷凍可以保存1個月。
P40 **P44** **P46**	不使用沙拉油！ 不會塌陷的戚風蛋糕 奢華濃郁的巧克力戚風蛋糕 伯爵茶香十足 皇家奶茶戚風蛋糕	冷藏可以保存到隔天。
P48	只需要攪拌即可製成的正統口味 巴斯克起司蛋糕	冷藏3天，冷凍可以保存1個月。

CHAPTER.2

P52 輕鬆做出可愛的大理石紋路　草莓生起司蛋糕
冷藏到隔天，冷凍可以保存1週。

P56 酥脆外皮和濃郁卡士達醬　雙重享受　餅乾泡芙
當天食用完畢最佳。烘烤前的麵糊狀態可以冷凍保存1個月。放上酥脆餅皮的狀態可以冷凍，硬化後再放入密封袋保存。移到冷藏庫解凍，再回復至常溫，噴水氣濕潤後烘烤。

P64 只需要1顆雞蛋製作　剛剛出爐的瑪德蓮
當天食用完畢最佳。烘烤前的麵糊狀態可以冷藏保存2～3天。回復至常溫後再烘烤。

P68 運用蛋白製作的甜點　焦化奶油費南雪
常溫可以保存3～4天，冷藏可以保存1週，冷凍的話1個月。冷藏或冷凍保存的話，回復至常溫之後，用烤箱烘烤2～3分鐘即可享用。烘烤前的麵糊狀態可以冷藏保存2～3天，回復至常溫再烘烤。

P72 只需要攪拌和烘烤　巧克力柑橘瑪芬蛋糕
○ 瑪芬蛋糕如果在麵糊裡加入不同食材變化的話，保存期限有可能會縮短。

P76 只需要攪拌　濕潤口感超濃郁巧克力磅蛋糕
冷藏保存1週，冷凍可以保存1個月。冷藏靜置2～3天的話，口感會更美味濕潤。

P80 清爽檸檬香糖霜蛋糕
淋上糖霜之後，常溫可以保存到隔天。沒有淋上糖霜的話，冷藏可以1週，冷凍可以保存1個月。

P84 只需要3種材料　超正統松露巧克力
一個一個用保鮮膜包住，放入密封袋再冷藏。可以保存2～3天。

P88 酥脆濃郁的幸福口感　生巧克力夾心餅乾
冷藏可以保存到隔天。烘烤前的麵糊狀態可以冷藏保存2～3天，冷凍可以1個月。冷凍過的麵糊，先移到冷藏庫解凍再烘烤。

P92 可以自由變化的萬用餅乾
放入密封保存袋，常溫可以保存3～4天，放入乾燥劑的話可以1個月。烘烤前的麵糊狀態可以冷藏保存2～3天，冷凍可以1個月。冷凍過的麵糊，先移到冷藏庫解凍再烘烤。

CHAPTER.3

P98 不使用起司　鬆軟鬆軟舒芙蕾起司蛋糕

P106 不需要沙拉油　口感鬆軟有勁台灣古早味蛋糕

P118 放涼也很美味　爆漿熔岩巧克力

當天盡早食用完畢最佳。

P102 不需要烤箱。超快速製成　絕品反烤蘋果塔
冷藏可以保存2～3天，冷凍可以1週。

P110 懷舊扎實口感　美味喫茶店布丁
冷藏可以保存到隔天。

P114 不需要經過一晚的靜置　可以在家快速做出的可麗露
常溫可以保存2～3天，冷凍可以1週。冷凍保存的話，移到冷藏庫解凍回復至常溫之後，用烤箱烘烤2～3分鐘即可享用。

P122 最高等級的簡易版　牛奶風味馬卡龍
冷藏保存2～3天，冷凍可以保存1個月。

13

CHAPTER.1
經典款甜點

草莓奶油蛋糕、巧克力蛋糕、泡芙等等，大家都很喜歡，不管是生日或是想要招待客人慶祝的時候，很常出現的甜點。因為是很常製作的甜點，正因為作法不難，更需要掌握製作時的訣竅。大家可能都或多或少有過製作失敗的經驗吧？本書將會盡可能化繁為簡，仔細說明任何人都可以成功製作出美味甜點的方法。嚴選出接下來這些收到很多「初次製作就成功」、「一再反覆製作」諸如此類回饋的食譜。

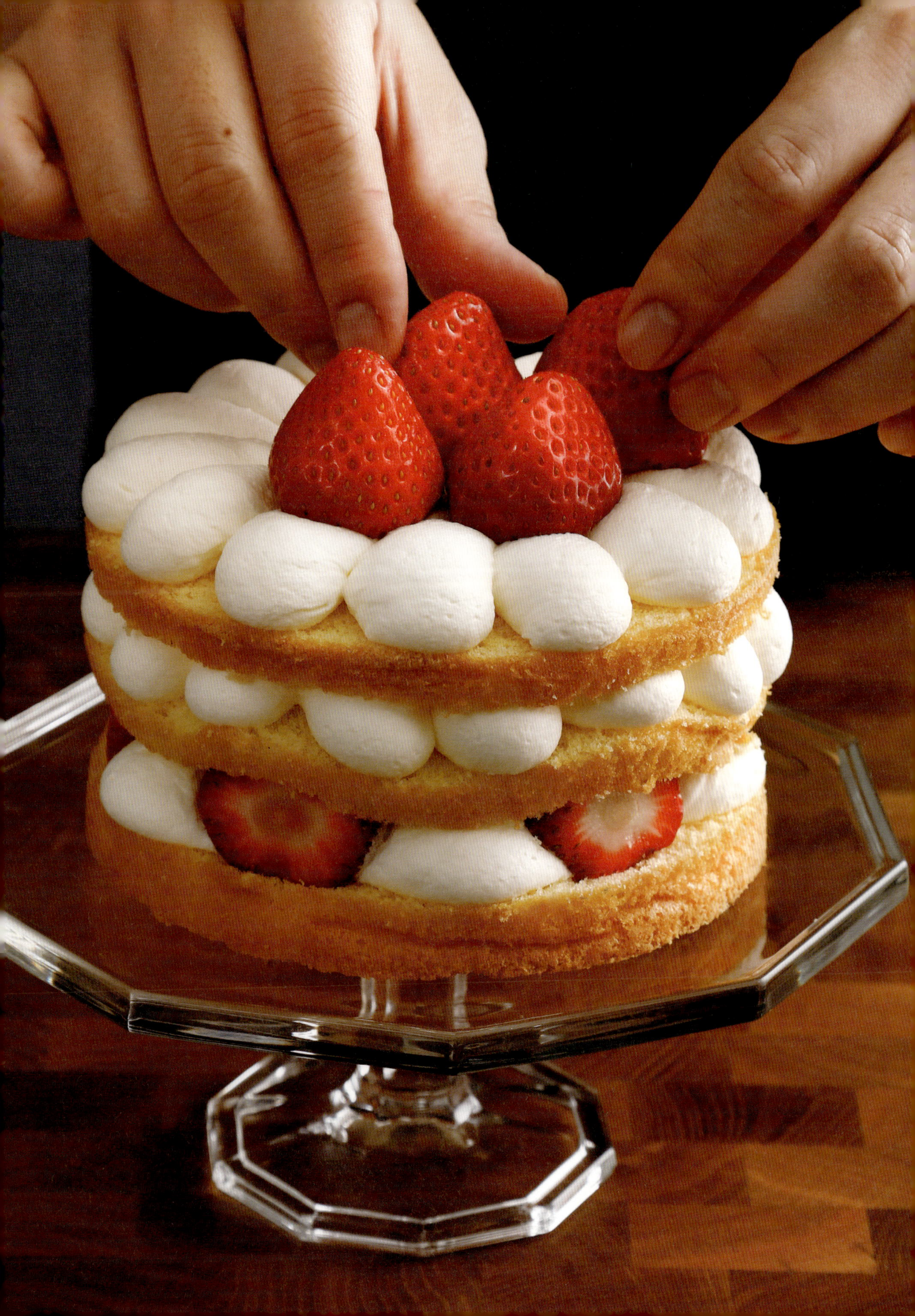

絕對不會失敗！
最高等級的海綿蛋糕

一開始製作烘焙甜點，最容易遇到困難的品項經常就是海綿蛋糕。
如果照著這個食譜製作的話，任何人都可以做出鬆軟濕潤的蛋糕。
既不會失敗又可以延伸出不同變化的萬用食譜。

參考影片
看這裡！

SIDE

SECTION

美味製作訣竅

○ 雞蛋不要隔水加熱，以低溫的狀態充分打發。

○ 一次性加入全部的砂糖。

○ 加入粉類之後，充分攪拌。

○ 為了讓蛋糕質感鬆軟，在融化奶油裡加入鮮奶油。

材料

低筋麵粉…70g

雞蛋…3顆

砂糖…90g

無鹽奶油…15g

鮮奶油35%…10g

（裝飾用的47%也可以）

直徑15×高6cm底部拆卸式
圓形烤模（蛋糕烤模）1個

延伸變化tips

- 低筋麵粉的10～20%換成可可粉的話，可以做成巧克力口味。5%換成抹茶粉的話，可以做成抹茶口味。

- 為了讓蛋糕質感更柔軟，**8** 可以不放奶油，只放鮮奶油（25g）。如果想要做成稍微硬一點的質感，則可以只放奶油（25g）。

- 砂糖換成上白糖的話，口感會更濕潤。換成蔗糖的話，味道會更有層次。

1
根據烤模底部和側面的尺寸裁剪烘焙紙，再鋪進烤模。

2
在工作台鋪上烘焙紙，用篩網過篩低筋麵粉一次。

POINT 這個食譜只有使用低筋麵粉，過篩一次即可。

3
在大玻璃製調理碗裡，打入2顆全蛋和1顆蛋黃。

POINT 多放1顆蛋黃可以做出濃厚的蛋香，並且能烤出漂亮的顏色。剩下的蛋白可以冷凍保存（參閱P.69）。想要全部一次用完，3顆雞蛋全用也沒問題。

4
加入砂糖之後稍微攪拌均勻，再用手持攪拌機高速攪拌至整體呈現白色的狀態，此時的狀態約5～7分打發。

POINT 加入砂糖之後馬上開始攪拌。將手持攪拌機和調理碗保持垂直，以畫大圓圈的方式移動攪拌。不隔水加熱，攪拌至呈現細緻質感的狀態。

17

5

將手持攪拌機調整成中速，繼續攪拌1～3分鐘至更均勻滑順的狀態。

POINT 過度打發也不會失敗，請放心地充分攪拌。

CHECK!

攪拌至麵糊呈現細緻的狀態即可。

6

加入 **2** 的低筋麵粉，用攪拌匙從底部往上舀起翻拌。

POINT 充分攪拌才不會讓蛋糕體塌陷，請充分攪拌均勻。

CHECK!

左手（左撇子就用右手）抓住調理碗靠近身體這一側，用攪拌匙從底部往上舀起翻拌麵糊。

7

攪拌至低筋麵粉完全混合，稍微產生黏性的狀態為止。

8

將奶油和鮮奶油放入中耐熱調理碗，封上保鮮膜，用微波爐以600W加熱20秒至奶油融化。

POINT 如果是比40～50℃低溫的情況，請觀察奶油融化的狀態以10秒為單位追加加熱。將鮮奶油加入奶油的步驟，可以讓蛋糕經過冷藏保存也能保持蓬鬆的口感。

9 烤箱以180°C預熱

用攪拌匙舀起少許**7**的麵糊加入**8**，攪拌。充分攪拌均勻之後，再倒回**7**。

POINT 因為先將兩者攪拌均勻，比麵糊重的奶油油分就不會沉在底部，方便後續步驟的攪拌。

10

用攪拌匙從底部往上舀起翻拌，充分攪拌至產生光澤的狀態即可。

POINT 即使充分攪拌麵糊，還是可以烤出鬆軟的蛋糕，因此請充分地攪拌均勻。

11

將麵糊倒入**1**的烤模裡，用1根竹籤以畫小圓的方式約20次，攪拌整體麵糊。再將烤模輕敲工作台4～5次。

POINT 經過攪拌使麵糊的氣泡均勻，確保蛋糕的質地。

12

將烤模放在烤盤上，以170°C烘烤35～40分鐘。

13

從烤箱連同烤模取出烤盤，將烤模在工作台上輕敲4～5次。

POINT 敲擊讓多餘的熱氣飛散，可以防止蛋糕體的塌陷。

14

將烤模放在耐熱瓶等容器上方，盡快取下側面的烤模。放涼之後再撕下烘焙紙。

讓甜點層次升級！
鮮奶油的打發方法

用在裝飾性的鮮奶油也可以，和卡士達奶油混在一起也可以。
這裡會公開打出美味鮮奶油的專業秘訣。
過度打發時補救的方法也會教給大家。

參考影片
看這裡！

適合裝飾性鮮奶油的硬度

和卡士達奶油混合時的硬度

美味製作訣竅

- 推薦使用動物性的鮮奶油。
- 一定要隔著調理碗泡在冰裡打發。
- 在打發之前加入砂糖。
- 不要改變攪拌的速度，用同樣的速度打發。
- 夾在蛋糕裡的鮮奶油比起裝飾性的鮮奶油要硬一點，蛋糕比較不會塌陷。

材料
方便製作的份量

鮮奶油…200g
砂糖…20g

延伸變化tips

- 基本上使用的是乳脂肪含量35%的鮮奶油，裝飾性的鮮奶油則使用47%左右的比較容易擠花。

- 砂糖的重量以鮮奶油的5～10%為基準，根據自己喜好的甜度增加。

- 和卡士達奶油混合的話，就會成為卡士達鮮奶油餡（Crème diplomate）（參閱P.57）。適合用在泡芙或是塔派。

1
準備兩個相同尺寸的玻璃製調理碗，一個放入鮮奶油，另一個放入冰塊約一半的高度。將放入鮮奶油的調理碗疊在放入冰塊的調理碗上。

2
加入砂糖，用打蛋器充分攪拌至砂糖溶化。

POINT 在打發之前加入砂糖的話，可以充分溶化之餘，打發後的狀態也會相對安定。

3
用手持攪拌機以中速畫大圓的方式，攪拌至整體呈現個人喜好的軟硬度。

POINT 讓鮮奶油的溫度保持在5℃左右，以相同速度攪拌就能完美打發。

分成兩階段打發鮮奶油，變化軟硬度

製作草莓奶油蛋糕的時候，分成兩階段打發鮮奶油，變化軟硬度會很方便。一開始先用硬度比較高的鮮奶油，當成蛋糕的夾餡，接著再將鮮奶油稍微攪拌成柔軟、可以拉出尖角的狀態，當成裝飾性鮮奶油使用。

過度打發鮮奶油的補救方法

1
在過度打發的鮮奶油裡，加入少許還沒有打發的鮮奶油。

POINT 過度打發是指鮮奶油呈現乾乾的狀態。如果沒有未打發過的鮮奶油，也可以用牛奶取代。

2
用攪拌匙緩慢地攪拌幾次。

POINT 為了不要讓空氣拌至鮮奶油裡，以最少限度的次數緩慢地攪拌。

21

不需要抹面和糖漿！
最高等級的草莓奶油蛋糕

將蛋糕整體抹上鮮奶油整平是傳統作法的必備技術。這裡介紹的是不需要進行那麼繁複的步驟，只需要擠上鮮奶油就可以做出簡單好看的裝飾方法。

參考影片看這裡！

SIDE

SECTION

美味製作訣竅

- 推薦使用動物性脂肪47%的鮮奶油。因為乳脂肪含量比較高，擠出奶油花比較容易定型。
- 海綿蛋糕是濕潤口感的配方就不需要再塗上糖漿。
- 裝飾在最上面的草莓，一開始就先選取尺寸相近的備用。
- 鮮奶油擠成淚滴形狀會更可愛。

材料

直徑15×高6cm底部拆卸式圓形烤模（蛋糕烤模）1個

海綿蛋糕
低筋麵粉…70g
雞蛋…3顆
砂糖…90g
無鹽奶油…15g
鮮奶油47%…10g

裝飾用
鮮奶油47%…390g
砂糖…30g
草莓…1盒（15～17顆）

延伸變化tips

- 用個人喜好的水果取代草莓也可以。推薦使用具有酸味的水果。

- 將鮮奶油換成白巧克力奶油（參閱P.27），滋味會更濃郁。這個時候，份量請使用P.27的2倍左右。

- 因為蛋糕體沒有塗上糖漿，塗上個人喜好的果醬也可以。

製作這個甜點需要的工具

扁平棒
使用在將蛋糕體切成相同厚度的時候。準備4～6根5mm厚度的扁平棒就可以重疊調整厚度，很方便。壓克力製的也可以。

1
製作海綿蛋糕（參閱P.16），放在砧板上，前後各放上扁平棒。將刀子抵著扁平棒切成1片下層1.5cm厚度、2片上層1cm厚度的片狀。

POINT 將扁平棒用膠帶固定使用。下層比較容易切散，因此切厚一點為佳。厚度可以根據個人喜好調整沒問題。

2
將鮮奶油打成舀起也不會掉落的軟硬度（參閱P.20），填入裝上擠花嘴（圓形No.11）的擠花袋裡。

3
將草莓的蒂頭切除，裝飾用7顆，夾心用5顆，剩下的4顆切塊。

POINT 選出7顆漂亮、尺寸相近的草莓當成裝飾用。其它的草莓都是夾心用，可以把表面瑕疵的部分切除也沒問題。

4
在蛋糕台擠上少許鮮奶油，再放上一片海綿蛋糕（下層），這麼做可以避免海綿蛋糕移動。

23

5

將鮮奶油從海綿蛋糕的邊緣往中心，以放射狀的方式等距擠出5道淚滴形。

6

將5顆夾心用的草莓尖端朝著海綿蛋糕的中心，排列在 **5** 的鮮奶油和鮮奶油之間。

POINT 讓草莓的斷面朝外，外觀看起來會更可愛。

7

在海綿蛋糕的中心以畫漩渦的方式擠出多一點的鮮奶油，再將4顆切塊的草莓（2～3顆份）放在中心以外的部分。

POINT 草莓避免放在中心的位置，切分蛋糕的時候可以切得更美觀。

8

從海綿蛋糕的中心以畫漩渦的方式擠出多一點的鮮奶油，大概落在草莓3/4的位置。

9

蓋上一片海綿蛋糕，再放上砧板，輕壓讓表面平整。

POINT 用平整的工具按壓，裝飾起來會更容易。

10

將鮮奶油從海綿蛋糕的邊緣往中心，以放射狀的方式擠出一圈（約15道）小小的淚滴形。

POINT 鮮奶油如果出現下垂的狀態，再次打發成適當的軟硬度再繼續擠花。

11 在海綿蛋糕的中心以畫漩渦的方式擠出多一點的鮮奶油，再將4顆切塊的草莓（剩下的份量）放在中心以外的部分。

12 在11的草莓上以畫漩渦的方式擠出多一點的鮮奶油。

13 蓋上一片海綿蛋糕，放上砧板，輕壓讓表面保持平整。

14 將鮮奶油從海綿蛋糕的邊緣往中心，以放射狀的方式擠出一圈（約14道）比10稍微大一點的淚滴形。

15 在中心以畫漩渦的方式擠出鮮奶油。

16 裝飾上7顆草莓，讓草莓的尖端朝上。

25

不會鬆散！
濕潤口感蛋糕捲

使用蛋糕捲專用的海綿蛋糕體和鮮奶油，
Q彈香濃，充滿高級感的味覺體驗。
這裡介紹的是完全不會變形的捲法。

參考影片看這裡！

SIDE

SECTION

美味製作訣竅

○ 將粉類放入麵糊裡充分攪拌。

○ 為了要烤出Q彈濕潤的蛋糕體，雞蛋只使用蛋白充分打發。

○ 白巧克力奶油充分冷卻再使用。

○ 使用尺確實固定蛋糕捲的封口，藉以維持蛋糕捲的形狀。

材料
直徑7×長27cm1條

白巧克力奶油
白巧克力…70g
水飴(或是蜂蜜)…10g
鮮奶油35%…160g

蛋糕體
低筋麵粉…60g
雞蛋…5顆
上白糖…70g＋20g
牛奶…40g

27×27×高1.7cm的方形烤模
(蛋糕捲烤模)1片

延伸變化tips

- 白巧克力使用無植物油的款式。
- 開始捲的時候放入水果，就能做成水果蛋糕捲。
- 白巧克力奶油換成生巧克力奶油（參閱P.33）也可以。這個時候，使用P.33的一半份量即可。

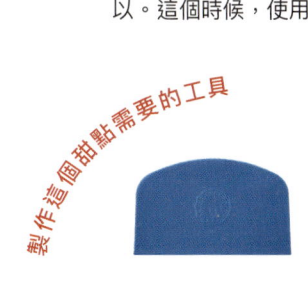

製作這個甜點需要的工具

刮板
用於將麵糊往烤模的邊角攤開，或是整平麵糊的時候。過篩或是切麵糰的時候也會使用。使用百圓商店購入的商品也沒問題。

① 製作白巧克力奶油

1 將白巧克力和水飴放入大耐熱調理碗裡，再加入一半份量的鮮奶油。
POINT 白巧克力可以增加濃厚的質感，水飴則可以創造濕潤的口感。

2 封上保鮮膜，用微波爐以600W加熱30秒。
POINT 白巧克力容易焦化，加熱至開始稍微融化的狀態就可以。

3 用打蛋器從中心開始充分攪拌至白巧克力融化。
POINT 如果沒有完全融化，請斟酌狀態再加熱30秒。

4 加入剩下的鮮奶油，用打蛋器充分混合攪拌。

5 封上保鮮膜，放入冰箱冷藏2小時至完全冷卻。

6 從冰箱取出**5**，用手持攪拌機中速攪打約1分鐘至稍微產生稠度的狀態。

② 製作蛋糕體

7 關掉手持攪拌機,以手動的方式攪拌至可拉出尖角的狀態。封上保鮮膜,放入冰箱冷藏備用。

POINT 如果全程都使用手持攪拌機攪拌,可能會產生過度打發的問題。

1 將烘焙紙根據烤模的底部和側面裁剪,再鋪進烤模裡。

POINT 可以先在烤模塗油,避免烘焙紙移動。

2 在工作台鋪上烘焙紙,用篩網過篩低筋麵粉一次。

POINT 這個食譜只有使用低筋麵粉,過篩一次即可。

3 將雞蛋的蛋白放入大玻璃製調理碗,蛋黃則放入中玻璃製調理碗。

POINT 將蛋白和蛋黃分開,蛋白充分打發可以做出Q彈的蛋糕體。

4 將70g的砂糖放入 **3** 的蛋白調理碗,以手持攪拌機高速攪拌約7分鐘至呈現白色、有點稠度的狀態。

POINT 周圍如果殘留泡沫的話,可能是造成失敗的原因,以畫大圓的方式攪拌讓整體都充分打發。

5 用手持攪拌機中速再攪拌約1分鐘,攪拌成可以拉出尖角、質感細緻的蛋白霜。

CHECK! 產生光澤,讓調理碗傾斜,蛋白霜也不會移動的狀態即可。

6 將20g砂糖放入 **3** 的蛋黃調理碗裡,用打蛋器充分攪拌至砂糖溶化。

7 將少許 **5** 的蛋白霜放入 **6** 的碗裡,再用打蛋器攪拌均勻。

8

將 7 放回 5 的蛋白霜裡，用攪拌匙從底部舀起翻拌。

POINT 不需要擔心過度攪拌，充分攪拌至整體均勻為止。

9

加入 2 的低筋麵粉，充分攪拌至完全看不到粉類為止。

POINT 粉類吸收水分的狀態。因為粉類不會沉澱，從容地充分攪拌即可。

10

將牛奶倒入中耐熱調理碗裡，封上保鮮膜，用微波爐以 600W 加熱 30 秒。

POINT 加入牛奶，可以讓蛋糕體冷卻之後也不會變硬。

11 烤箱以200℃預熱

將少許 9 的麵糊放入 10 的碗裡，用打蛋器攪拌均勻。

12

將 11 放回 9 的麵糊裡，用攪拌匙從底部舀起翻拌。

POINT 攪拌過度的話，雖然會減少鬆軟的口感，但也不算失敗，充分攪拌至均勻為止。

CHECK!

攪拌至產生光澤，舀起會緩緩掉落的狀態為止。

13

將麵糊倒入 1 的烤模，再用刮板將麵糊往四個邊角刮平。

14

用刮板將表面整平之後，在工作台上輕敲 4～5 次。

POINT 將烤模 90 度轉向，用刮板以相同的方向直線移動，就可以整出完美的平面。

15

將烤盤倒扣再放上烤模，以 180℃ 烘烤 15～18 分鐘。

POINT 將烤盤倒扣的話，下面也會導熱，可以烤出鬆軟的蛋糕口感。

29

③ 製作蛋糕捲

16 從烤箱取出烤盤和烤模，在工作台上輕敲烤模4～5次。
POINT 敲擊讓多餘的熱氣飛散，可以防止蛋糕體塌陷。

17 從烤模取下蛋糕，放在網架上冷卻。
POINT 避免餘熱繼續加溫，請盡早從烤模取下。

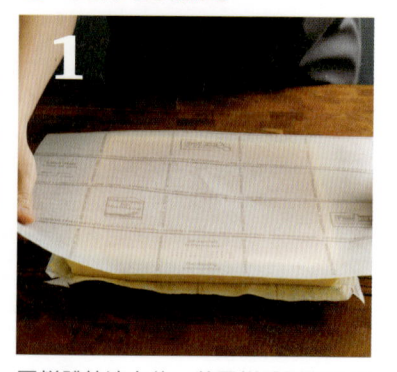

1 蛋糕體放涼之後，將蛋糕體側面的烘焙紙剝除，再從上面蓋上大一點的烘焙紙。接著，將蛋糕體連同烘焙紙倒扣在工作台上。

2 取下底部的烘焙紙，蓋上一張大一點的烘焙紙，再將蓋在上方的烘焙紙連同蛋糕體反向。
POINT 讓烘烤面朝上。

3 取下上方的烘焙紙。
POINT 如果烘烤面剝落也無妨。下方有鋪上大一點的烘焙紙，就不會擔心弄髒。

4 從冰箱取出冷卻的白巧克力奶油，再用打蛋器攪拌至舀起來也不會掉落的軟硬度為止。

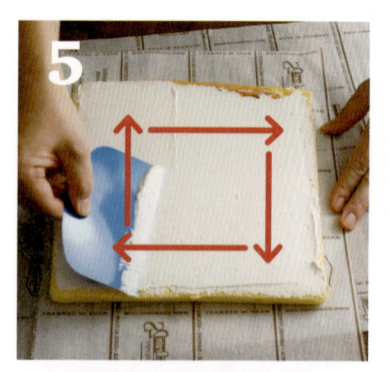

5 在蛋糕體鋪上一半份量 **4** 的鮮奶油，再用刮板塗滿整體。
POINT 將蛋糕體90度轉向，用刮板以相同的方向直線移動，就可以整出完美的平面。

6 在蛋糕體靠近身體這一側，保留1～2cm空間，厚厚地塗上剩下的奶油。
POINT 蛋糕捲的直徑取決於這個步驟的奶油份量。依照個人喜好減少奶油份量也OK。

CHECK!
如果要捲入草莓等水果，可以在這個步驟放上。

7

將 **6** 沒有塗上奶油 1～2cm 的部分摺入一半。

8

將靠近身體這一側的烘焙紙提起，往前捲。

CHECK!

讓下側的蛋糕體和烘焙紙避免移動地按壓，會比較容易往前捲壓。

9

捲到底之後，從烘焙紙上方稍微握住蛋糕體按壓。

10

往前滾動，讓烘焙紙的邊緣改變方向至靠近身體這一側，再用尺抵住封口處往前壓。

POINT 使用比蛋糕體寬，27cm 長的尺。

CHECK!

讓下方的烘焙紙不要移動確實按壓，即使把手放開也不會歸位的狀態為止。

POINT 將蛋糕體的封口固定，就能保持蛋糕捲的形狀。

11

轉動蛋糕體捲起烘焙紙，讓蛋糕體的封口保持在下側。

12

直接在烘焙紙上包保鮮膜，放入冰箱冷藏 30 分鐘～1 小時冷卻，讓奶油硬化。

CHECK!

分切的時候，準備一個裝入熱水的杯子，放入刀子溫熱，擦乾水份再切。每切一刀，用布巾擦乾淨奶油，就能切出漂亮的切口。

31

鬆軟鬆軟入口即化
高級巧克力奶油蛋糕

誰都可以做出鬆鬆軟軟的海綿蛋糕和入口即化的生巧克力奶油，是一款巧克力師對於巧克力的極致呈現。

參考影片看這裡！

SIDE

SECTION

美味製作訣竅

- 一次性地放入砂糖。
- 雞蛋將蛋白和蛋黃分開，蛋白打發做出蛋白霜。
- 將粉類放入麵糊裡充分攪拌。
- 生巧克力奶油最少靜置2小時，可以的話一個晚上。

材料

巧克力海綿蛋糕
低筋麵粉…50g
牛奶…40g
無鹽奶油…20g
可可粉…15g＋適量（裝飾用）
雞蛋…2顆
砂糖…90g

生巧克力奶油
苦味巧克力67%…150g
鮮奶油35%…150g＋300g
水飴…40g

直徑15×高6cm
底部拆卸式圓形烤模
（蛋糕烤模）1個

延伸變化tips

- 可可粉推薦使用風味強烈的「VALRHONA」，成品風味會更濃郁。

- 根據使用的巧克力品質，風味會有所改變。巧克力的可可含量可以根據個人喜好改變。

① 製作巧克力海綿蛋糕

1 根據烤模的底部和側面的尺寸裁剪烘焙紙，再鋪進烤模裡。

2 在工作台鋪上烘焙紙，再過篩撒上低筋麵粉一次。
POINT 這個食譜只有使用低筋麵粉，過篩一次即可。

3 將牛奶、奶油和15g的可可粉放入中耐熱調理碗，封上保鮮膜，用微波爐以600W加熱30秒～1分鐘至奶油融化，再用打蛋器攪拌。

4 烤箱以180℃預熱
將蛋白放入大玻璃製調理碗，蛋黃放入小玻璃製調理碗。

5 將砂糖加入4蛋白調理碗，用手持攪拌機高速攪拌約5分鐘做出蛋白霜。
POINT 以畫大圓的方式攪拌，攪拌至出現光澤、將調理碗傾斜也不會移動的狀態即可。

6 加入4的蛋黃，用攪拌匙從底部往上舀起翻拌整體麵糊。
POINT 不隔水加熱，並且將蛋黃蛋白分開處理，就可以做出氣泡均勻、鬆軟的海綿蛋糕。

7

加入 **2** 的低筋麵粉，用攪拌匙從底部翻拌至稍微出現光澤的狀態為止。

POINT 充分打發過的蛋白霜不會讓粉類沉澱，可以從容地攪拌至均勻狀態為止。

8

舀取少許 **7** 的麵糊到 **3** 的調理碗裡，和巧克力液攪拌均勻。

POINT 經過這道工序，可以讓下一個步驟麵糊和巧克力液順利地攪拌均勻。

9

將 **8** 放回 **7** 裡，用攪拌匙從底部往上翻拌至整體均勻。

POINT 攪拌過程中，將附著在攪拌匙上或是碗壁上的麵糊刮取下來，讓麵糊整體確保保持均勻的狀態。

CHECK!

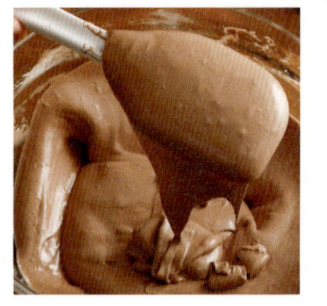

剛開始攪拌的時候，巧克力液和麵糊會呈現大理石紋，充分攪拌至出現光澤的狀態即可。

10

將麵糊倒入 **1** 烤模裡，用 2 根竹籤以畫出 20 次小圓的方式攪拌整體麵糊，再將烤模在工作台上輕敲 4～5 次。

POINT 攪拌的步驟可以讓蛋糕體的氣泡均勻、質地細緻。

11

將烤模放在烤盤上，以 170℃烘烤 35 分鐘。

12

從烤箱連同烤模取出烤盤，在工作台上輕敲烤模 4～5 次，盡快從烤模取下蛋糕，放涼。

POINT 敲擊讓多餘的熱氣飛散，可以防止蛋糕體塌陷。

13

取下烘焙紙，將蛋糕體放在砧板上，在蛋糕前後放上扁平棒。將刀子抵住扁平棒，以 1cm 厚切出 4 片，蓋上保鮮膜備用。

② 製作生巧克力奶油

1

將巧克力、150g 的鮮奶油和水飴放入大耐熱調理碗，封上保鮮膜，用微波爐以 600W 加熱 30 秒 3 次至巧克力融化。

2 用打蛋器從中心開始充分攪拌使巧克力融化。

3 加入300g的鮮奶油,用打蛋器攪拌均勻。

4 換成攪拌匙攪拌,一邊確認底部是否充分攪拌均勻,攪拌均勻後封上保鮮膜,放入冰箱冷藏2個小時以上冷卻麵糊。

CHECK!

從冰箱取出時,出現濃稠感就是OK的狀態。

POINT 冷卻過會讓巧克力裡的可可油脂結晶化,進而產生濃稠度,如果放置一晚質感會更滑順。

5 用手持攪拌機中速攪拌約1分鐘。

POINT 攪拌至提起攪拌棒,奶油也不會掉落的狀態即可。

③ 組裝巧克力奶油蛋糕

1 將巧克力奶油填入裝上擠花嘴(星形No.10)的擠花袋裡,在蛋糕台上擠出少許奶油,再放上一片蛋糕,可以避免海綿蛋糕體移動。

2 從海綿蛋糕體的邊緣往中心放射狀地擠出一圈(約12道)淚滴形的生巧克力奶油,接著在中間以畫漩渦的方式擠出多一點的奶油。

POINT 讓邊緣處的奶油保持在高一點的狀態。

3 蓋上一片海綿蛋糕體,再放上砧板,輕壓讓表面平整。以相同的方式做出3層。

POINT 將整體按壓平整的話,裝飾起來會比較容易。

4 和**2**一樣,從海綿蛋糕體的邊緣往中心放射狀地擠出一圈奶油,接著在中間擠出多一點的奶油,呈現中間高一點的狀態。再用篩網在整體撒上可可粉即可。

將奶油回復至常溫，
接著再將材料混合攪拌，
一下子就可以完成，
美味度卻出乎意料。
因為使用的雞蛋份量比較多，
可以烤出輕盈的蛋糕質感。

只需要攪拌！
不需要鮮奶油！
濃醇巧克力蛋糕

參考影片
看這裡！

SIDE

SECTION

美味製作訣竅

○ 將奶油回復至常溫、軟化的狀態備用。

○ 將雞蛋也回復至常溫。

○ 為了讓成品表面稍微硬一點，使用可可成分65%以上的巧克力（推薦使用高品質無植物油成分的巧克力）。

材料

低筋麵粉…70g
苦味巧克力67%…150g
無鹽奶油…150g
砂糖…120g
雞蛋…4顆
糖粉…適量

直徑15×高6cm
底部拆卸式圓形烤模
(蛋糕烤模)1個

○ 將奶油和雞蛋回復至常溫備用。

延伸變化tips

● 根據使用的巧克力品質，風味會有所改變。巧克力的可可含量可以根據個人喜好改變。

● 百圓商店購入的紙模或是瑪芬蛋糕杯模也可以用來製作。

● 沒有加入低筋麵粉的話，就可以做出熔岩巧克力的口感(為了保持成品的形狀，請用瑪芬蛋糕杯模)。

1 根據烤模底部和側面尺寸裁剪烘焙紙，再鋪進烤模裡。

2 在工作台鋪上烘焙紙，再過篩撒上低筋麵粉一次。
POINT 這個食譜只有使用低筋麵粉，過篩一次即可。

3 將巧克力放入中耐熱調理碗，封上保鮮膜，用微波爐以600W加熱30秒5～6次至巧克力融化，再用打蛋器攪拌確認是否完全融化。

4 烤箱以180℃預熱
將奶油放入大玻璃製調理碗，用打蛋器稍微攪拌整體。
POINT 奶油如果是低溫的狀態，無法和麵糊融合，請一定要將奶油回復至常溫。

5 加入砂糖，混合攪拌至整體均勻。

POINT 奶油的水分都被砂糖吸收的狀態。

6 將雞蛋打入另一個中玻璃製調理碗並打散，再取1/3份量倒入5裡，用打蛋器混合攪拌。

POINT 雞蛋一定要回復至常溫。一次性全部加入的話，不容易攪拌，分成3次加入會比較方便操作。不需要隔水加熱。

7 繼續加入1/3份量的蛋液，並一邊混合攪拌，再加入剩下的蛋液。攪拌過程中，換成攪拌匙將沾附在調理碗邊緣的麵糊刮取攪拌，至整體呈現均勻的狀態。

CHECK! 
這個階段，麵糊會呈現雞蛋和奶油分離的狀態，之後的步驟會讓麵糊確實融合在一起，可以不需要在意。

8 倒入一半份量的**3**巧克力液，用打蛋器混合攪拌。

POINT 巧克力液的溫度大約以35℃為基準。溫度太高會讓奶油融化，25℃以下巧克力會凝固。此外，放入的巧克力份量太少也會導致結塊，請特別留意。

9 加入剩下的一半份量，用打蛋器混合攪拌，攪拌至呈現滑順的奶油狀態即可。

POINT 乳化作用會讓質感變得滑順。在放入低筋麵粉之前，以這個狀態烘烤的話，就能做出熔岩巧克力。

10

加入 **2** 的低筋麵粉，用打蛋器攪拌至完全看不到粉類，形成奶油狀態為止。

POINT 剛開始攪拌的時候，粉類可能會飛濺，請慢慢攪拌，充分攪拌至整體均勻。

11

將麵糊倒入 **1** 的烤模，在工作台上將烤模輕敲 4～5 次，再用湯匙的背面輕敲讓表面呈現平整的狀態。

12

將烤模放入烤盤裡，以 170°C 烘烤 55 分鐘～1 小時。

13

從烤箱連同烤模取出烤盤，再將烤模放在砧板上，靜置 10～20 分鐘讓餘溫繼續加熱。

POINT 如果馬上將蛋糕從烤模取出，形狀會崩壞，因此請暫時靜置。

14

從烤模取出蛋糕，冷卻之後，撕下烘焙紙。

15

放在砧板上，用篩網在整體撒上糖粉即可。

39

不使用沙拉油！
不會塌陷的戚風蛋糕

照著這個食譜做，戚風蛋糕絕對不會塌陷，保持鬆軟濕潤的質感。
此外，沒有使用沙拉油，健康兼具。
用白巧克力的油分取代，可以做出濕潤的口感。

SIDE

SECTION

美味製作訣竅

○ 使用導熱性佳、不會烤出斑紋的鋁製烤模。

○ 一次性地放入砂糖，可以做出濕潤的蛋白霜。

○ 將麵糊、粉類和蛋白霜充分攪拌。

材料

低筋麵粉…80g
泡打粉…3g
白巧克力…30g
水…80g
雞蛋…4顆
蔗糖…100g

直徑17×高8cm
底部拆卸式戚風蛋糕烤模1個

延伸變化tips

- 使用沒有植物油成分的白巧克力。

- 也可以做成巧克力或是皇家奶茶風味（參閱P.44、46）。

- 將蔗糖換成上白糖的話，甜味會更強烈，口感也會更濕潤。可以稍微減少10％的份量，或是蔗糖的一半份量。

1
在工作台鋪上烘焙紙，再依序過篩撒上低筋麵粉、泡打粉。讓粉類整體混合均勻，過篩兩次。

2
將巧克力和水放入中耐熱調理碗，封上保鮮膜，用微波爐以600W加熱約30秒至巧克力融化。

3 烤箱以180℃預熱
用打蛋器從中間開始攪拌至巧克力融化。

4
將蛋白放入大型玻璃製調理碗，蛋黃則放入小型玻璃製調理碗。

5

將 4 的蛋黃加入 3 的巧克力液裡，用打蛋器攪拌均勻。

6

將 1 的粉類加入 5 裡，用打蛋器充分攪拌均勻。
POINT 不需要擔心過度攪拌，充分攪拌至整體均勻為止。

7

將砂糖加入 4 的蛋白調理碗裡，用手持攪拌機高速攪拌 4～5 分鐘。
POINT 將手持攪拌機和調理碗保持垂直，以畫出大圓的方式移動攪拌。

8

將手持攪拌機調成中速，繼續攪拌約 1 分鐘。做出可以拉出尖角、質地細緻的蛋白霜。

CHECK!

呈現光澤、傾斜調理碗蛋白霜也不會移動的狀態即 OK。

9

將少許 8 的蛋白霜放入 6 的調理碗裡，再用打蛋器攪拌均勻。

10

將 **9** 倒回 **8** 的蛋白霜裡,再使用攪拌匙從底部舀起充分翻拌。

CHECK!

過度攪拌也不會讓蛋糕塌陷,充分攪拌至麵糊均勻即OK。

11

將麵糊倒入烤模裡,用2根竹籤以畫小圓的方式攪拌整體一圈。在工作台上將烤模輕敲4～5次。

POINT 攪拌的工序可以讓氣泡均勻,麵糊質地細緻。

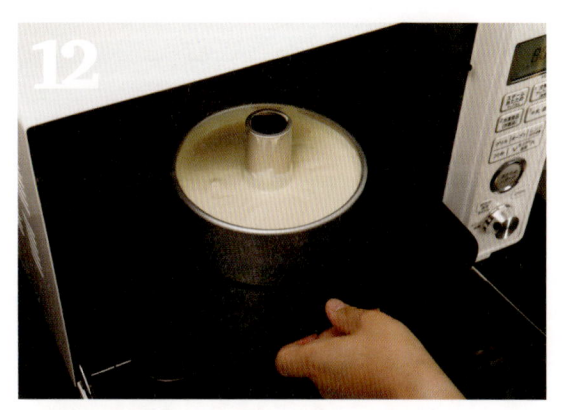

12

將烤模放入烤盤,以170℃烘烤約50分鐘。

13

從烤箱連同烤模取出烤盤,再將烤模倒扣在砧板上,靜置放涼。

POINT 將烤模倒扣,將中央部分的開口插入瓶子裡冷卻也可以。充分冷卻的話,比較容易脫模。

14

沿著烤模的中心和邊緣,用刀子插入轉一圈,就可以取下側面的烤模。底部也插入刀子,取下烤模。

43

和原味的戚風蛋糕一樣，
鬆軟濕潤的口感，
可以品嘗到高級巧克力的風味。
也是用巧克力的油份做出蛋糕濕潤的口感，
不需要使用沙拉油。
此外，很推薦用微波爐加熱，
再加上香草冰淇淋一起享用。

奢華濃郁的巧克力戚風蛋糕

參考影片看這裡！

SIDE

SECTION

美味製作訣竅

○ 使用導熱性佳、不會烤出斑紋的鋁製烤模。

○ 一次性地放入砂糖，可以做出濕潤的蛋白霜。

○ 將麵糊、粉類和蛋白霜充分攪拌。

○ 加入蘭姆酒，酒香可以豐富巧克力的風味。

材料

低筋麵粉…45g
可可粉…20g
泡打粉…3g
苦味巧克力70%…50g
水…50g
蘭姆酒…10g
雞蛋…4顆
蔗糖…100g

直徑17×高8cm
底部拆卸式戚風蛋糕烤模1個

延伸變化tips

- 將粉類加入麵糊的時候，也可以加入1顆份的柳橙皮碎末。

- 蘭姆酒推薦使用「MYERS'S」的DARK。也可以使用白蘭地。不想放酒的話，可以換成牛奶。

- 苦味巧克力可以換成牛奶巧克力。

1 在工作台鋪上烘焙紙，再依序過篩撒上低筋麵粉、可可粉和泡打粉。讓粉類整體混合均勻，過篩兩次。

2 將巧克力、水和蘭姆酒放入中型耐熱調理碗，封上保鮮膜，用微波爐以600W加熱30秒2次至巧克力融化。

3 （烤箱以180℃預熱）用打蛋器從中間開始充分攪拌至巧克力融化。

4 以和原味戚風蛋糕 4～14（參閱P.41～43）相同的方法製作。

伯爵茶香十足
皇家奶茶戚風蛋糕

在品味鬆軟濕潤的口感之餘，伯爵茶的香氣也在口中擴散開來。
掌握小技巧的話，可以做出意料不到的香氣層次。當然也不使用沙拉油。

參考影片
看這裡！

SIDE

SECTION

美味製作訣竅

- 使用導熱性佳、不會烤出斑紋的鋁製烤模。
- 一次性地放入砂糖，可以做出濕潤的蛋白霜。
- 將麵糊、粉類和蛋白霜充分攪拌。
- 使用紅茶香氣濃郁的伯爵紅茶。
- 不放牛奶，用水煮茶葉，可以充分煮出茶香。

材料

低筋麵粉…80g
泡打粉…3g
水…100g
伯爵茶葉…10g
牛奶…30g
牛奶巧克力41%（苦味巧克力或是白巧克力亦可）…30g
雞蛋…4顆
蔗糖…100g

直徑17×高8cm
底部拆卸式
戚風蛋糕烤模1個

延伸變化tips

- 伯爵茶使用個人喜好的「TWININGS」等品牌都可以。如果使用「Ronnefeldt Irish Malt」，可以創造出不一樣的風味。

- 除了伯爵茶以外，其它可以煮出香氣的風味茶也很推薦。

- 將粉類加入麵糊的時候，也可以加入1顆份的柳橙皮碎末。

- 加入香料，做成印度香料茶風味也可以。

---

1 在工作台鋪上烘焙紙，再依序過篩撒上低筋麵粉、泡打粉。讓粉類整體混合均勻，過篩兩次。

2 將水倒入鍋裡，以大火煮至沸騰，熄火，加入茶葉輕輕搖晃鍋子讓茶葉融入水裡。蓋上鍋蓋，燜蒸約5分鐘。
POINT 不放牛奶煮出來的紅茶，可以充分釋放出茶香。

3 加入牛奶開大火，邊搖晃鍋子，煮至沸騰後，熄火，即為皇家奶茶。
POINT 將茶葉和牛奶一起煮至沸騰，充分融合為一。

4 將3的皇家奶茶用篩網過篩倒入茶壺裡，用攪拌匙按壓茶葉瀝乾。這個時候，如果皇家奶茶不足130g的話，可以加入牛奶（份量外）補滿130g。
POINT 茶壺的重量請事先量測備用。

5 烤箱以180℃預熱
將巧克力放入中耐熱調理碗，倒入皇家奶茶，封上保鮮膜，再用微波爐以600W加熱30秒2次。使用打蛋器從中間開始充分攪拌至巧克力融化。

6 以和原味戚風蛋糕4～14（請參閱P.41～43）相同的方法製作。

47

只需要攪拌即可製成的正統口味
巴斯克起司蛋糕

製作訣竅是攪拌的順序，只要掌握這個訣竅，就能做出正統的美味。
入口即化，濕潤滑順的起司蛋糕。
很適合搭配覆盆子醬一起吃，超簡單的作法也一併介紹。

參考影片
看這裡！

SIDE

SECTION

美味製作訣竅

○ 從和奶油起司的軟硬度相近的材料開始依序攪拌。

○ 鮮奶油和檸檬汁一定要分開加入。

○ 藉著隔水烘烤慢慢加溫，就可以做出滑順的口感。

○ 可以直接使用冷凍的覆盆子。和糖粉混合，解凍就能釋出風味。

材料

起司蛋糕
餅乾(市售品)…60g
無鹽奶油(或是白巧克力)…40g
奶油起司…200g
檸檬皮…1顆份
砂糖…70g
優格…100g
鮮奶油35%…70g
雞蛋…1顆
檸檬汁…1/2顆份
玉米粉…20g

直徑15×高6cm 底部拆卸式
圓形烤模(蛋糕烤模)1個

覆盆子醬 方便製作的份量
覆盆子(冷凍)…100g
檸檬汁…10g
糖粉…30g

○ 將奶油起司回復至常溫備用。
○ 刨過皮的檸檬再榨成汁。

延伸變化tips

- 奶油起司選用個人喜好的廠牌當然沒問題，我推薦的是「kiri」。

- 也可以用奶油起司和馬斯卡彭起司以5：2的比例混合使用。

- 餅乾使用奶油風味強烈的款式為佳。

- 如果用的是沒有小麥添加的餅乾，就可以做成無麩質版本的起司蛋糕。

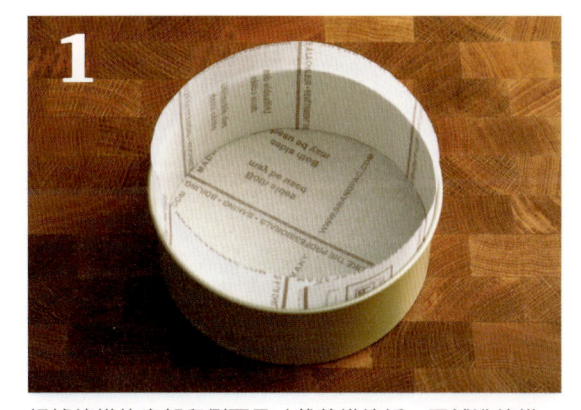

1
根據烤模的底部和側面尺寸裁剪烘焙紙，再鋪進烤模。

2
將餅乾放入密封袋，稍微打開封口擠出空氣再封緊，用手捏碎。

POINT 稍微保留大小塊不一的感覺捏碎即可。用玻璃瓶的底部會更容易壓碎。

3
將奶油放入耐熱容器裡，封上保鮮膜，再用微波爐以600W加熱20秒，融化奶油。加入 **2** 的密封袋裡，稍微揉捏混合均勻。

POINT 加入奶油可以讓餅乾成糰。用白巧克力取代奶油也可以。

4
將 **3** 的餅乾放入 **1** 的烤模裡，再用玻璃瓶的底部按壓，充分壓實壓緊之後，放入冰箱冷卻備用。

POINT 餅乾底部充分壓實的話，可以形成一個穩定的底座，後續的步驟會更容易操作。像P.55的 **3** 一樣鋪上保鮮膜，用手壓實也可以。

5

將奶油起司放入大玻璃製調理碗裡，用攪拌匙以抹壓的方式拌開。

POINT 奶油起司如果還是很硬，可以用微波爐以600W加熱15秒，觀察軟化的狀態，再斟酌是否再次加熱，一次以15秒為單位。

6 烤箱以190°C預熱

將檸檬皮刨碎，和砂糖一起加入奶油起司裡，用攪拌匙充分攪拌混合均勻。

POINT 檸檬白色的部分是苦味的來源，只需要取用黃色的部分。以砂糖吸收起司裡水分的感覺攪拌。

7

加入優格，用打蛋器充分攪拌均勻。

POINT 優格不需要瀝乾水分。加上優格的酸味會降低油膩感，讓口感更好。

8

將鮮奶油和雞蛋放入中玻璃製調理碗，用打蛋器攪拌，再倒入 **7** 裡攪拌均勻。

POINT 不需要打發，只需要攪拌均勻。加入鮮奶油可以做出軟滑的口感。

9

加入檸檬汁，用打蛋器攪拌。

POINT 將檸檬汁和鮮奶油一起放入麵糊的話，會產生油水分離的狀態，因此請注意避免同一時間點放入。從5開始到這一個步驟，使用食物調理機操作也可以。

10

加入玉米粉，用打蛋器充分攪拌。再用攪拌匙攪拌確認是否有未拌均勻的地方，充分拌勻。

POINT 玉米粉不需要過篩。用玉米粉取代麵粉，可以做出入口即化的口感。

11

從冰箱取出 **4** 的烤模，倒入麵糊。

POINT 如果對於麵糊的質地是否均勻不太確定的話，可以過篩倒入，確保麵糊的質地細緻。倒入麵糊之後，再用1根竹籤以畫出小圓的方式攪拌整體，這麼做可以避免烘烤後表面裂開。

12

將烤模放在調理盤上，再放入烤盤裡，接著，放入烤箱。

POINT 隔著調理盤這個作法，可以讓導熱更緩慢。

13

將40℃以上的熱水倒入烤盤約1cm高度。用180℃隔水烘烤60分鐘之後，再調降至150℃，隔水烘烤50分鐘。

POINT 開關烤箱和倒入熱水的步驟，都請盡快完成。烘烤過程中如果水分不足的話，可以添加熱水。烘烤至表面上色即可。

14

從烤箱取出，放涼。封上保鮮膜，放入冰箱冷藏半天到一天。

POINT 如果烤盤上還殘留水分的話，可以只取出烤模，等烤盤冷卻之後再取出比較安全。將起司蛋糕放入冰箱冷卻的話，可以做出更滑順的口感。

15

製作覆盆子醬。將全部的材料放入小玻璃製調理碗，用攪拌匙攪拌。封上保鮮膜，放入冰箱冷藏30分鐘以上使其充分融合在一起。

POINT 冷藏的過程中，砂糖會溶化，不需要加熱。也可以使用冷凍的藍莓或是綜合水果。

16

從冰箱取出起司蛋糕，脫模，取下烘焙紙。分切之後盛盤，加上覆盆子醬。

輕鬆做出可愛的大理石紋路
草莓生起司蛋糕

滑順入口即化的生起司蛋糕，運用草莓果醬的酸甜滋味畫龍點睛。
華麗的大理石紋路，實際上做起來很簡單，請務必試試看。

參考影片
看這裡！

SIDE

SECTION

美味製作訣竅

○ 由於果醬是手工製作，可以做出漂亮的鮮紅色。如果沒有那麼在意新鮮度的話，運用市售的草莓果醬也可以。

○ 將奶油起司回復至常溫、軟化的狀態備用。

○ 鮮奶油直到使用之前都冷卻備用，輕輕地攪拌就能做出滑順的起司蛋糕質地。

材料

草莓…約200g(約1盒)
蔗糖…50g
水…40g
洋菜粉…8g
鮮奶油35%…200g
奶油起司…200g
餅乾(市售品)…50g

直徑15×高6cm 底部拆卸式
圓形烤模(蛋糕烤模)1個

○ 將奶油起司回復至常溫備用。
○ 鮮奶油直到使用之前，都放在冰箱冷藏備用。

延伸變化tips

● 草莓可以使用冷凍綜合莓果、藍莓、芒果取代，也很美味。

● 取代草莓，放入70g的優格，就能做成原味的生起司蛋糕。

● 奶油起司選用個人喜好的廠牌當然沒問題，我推薦的是「kiri」。

① 製作草莓果醬

1 將一半份量的草莓切下蒂頭，切成4～6等份。
POINT 由於果醬是手工製作，可以做出漂亮的鮮紅色。草莓使用冷凍或是稍微有點受傷的也無妨。

2 將 **1** 的草莓和砂糖放入鍋裡，用攪拌匙攪拌，開中火一邊攪拌一邊加熱。
POINT 加入砂糖之後，草莓馬上就會釋出水分，不需要加水。

3 水分釋出之後，用攪拌匙壓碎草莓，邊攪拌邊熬煮。

CHECK! 煮至沸騰、整體出現泡沫之後，熄火。
POINT 雖然還有果肉殘留，但果汁已經充分釋出的狀態。加熱時間以2～3分鐘為標準。

4 倒入中型耐熱調理碗裡，稍微放涼之後，封上保鮮膜，完全冷卻之後放入冰箱冷藏備用。

② 製作生起司蛋糕麵糊

1 將水倒入小耐熱容器裡，再倒入洋菜粉，在常溫靜置5分鐘直到洋菜粉吸飽水分。
POINT 如果是將水加入洋菜粉的話，會產生結塊不均勻的狀況，請特別留意添加的順序。

53

2

將鮮奶油放入大玻璃製調理碗裡，用手持攪拌機高速攪拌約3分鐘。

POINT 鮮奶油直到使用之前都放在冰箱冷藏備用。

CHECK!

為了做出滑順口感的蛋糕，慢慢地攪拌至可以出現攪拌痕跡的程度。

3

將 **1** 的洋菜粉，封上保鮮膜，用微波爐以600W加熱30秒。

POINT 請加熱至出現熱氣、充分融化的狀態。

4

將奶油起司放入大玻璃製調理碗，用打蛋器拌開。用攪拌匙舀2次**2**的鮮奶油加入，再用打蛋器充分攪拌。

POINT 如果奶油起司太硬，可以用微波爐以600W加熱15秒。

5

加入剩下的鮮奶油後，換成攪拌匙，將麵糊從底部往上翻拌。

POINT 不需要擔心過度攪拌，充分攪拌至整體均勻為止。

6

舀取少許**5**的麵糊，放入**3**的洋菜粉裡，用湯匙充分攪拌均勻。

POINT 和麵糊先攪拌均勻的話，下一個步驟洋菜粉就不會沉澱，容易攪拌均勻。

③ 製作生起司蛋糕

7

將**6**的洋菜粉倒回**5**的麵糊裡，用攪拌匙從底部往上翻拌整體，讓洋菜粉和麵糊融合為一。

POINT 加入溫熱狀態的洋菜粉，麵糊就不會結塊、保持稀稀的狀態。

1

將餅乾放入夾鏈密封袋，稍微打開封口擠出空氣，再封口，用手壓細碎。

POINT 大小不一也沒關係，壓碎即可。

2

倒入中玻璃製調理碗，用攪拌匙舀1勺生起司蛋糕的麵糊加入，攪拌至和餅乾充分混合均勻。

POINT 為了減少材料，不使用奶油，而是加入生起司蛋糕的麵糊攪拌。

54

3
將 **2** 的餅乾放入烤模裡，再鋪上保鮮膜，用手按壓底部之後，將保鮮膜揉圓，充分壓緊壓實。

4
倒入生起司蛋糕麵糊1～2cm的高度，在工作台上輕敲4～5次讓麵糊擴散開來。

5
用湯匙舀起草莓果醬適量地放入 **4** 的麵糊裡，再用湯匙稍微劃開，放入冰箱冷藏約10分鐘。

POINT 分切後每一片都有草莓果醬，以這樣的概念畫出圓形。

6
將一半份量的生起司蛋糕麵糊倒入放著剩下的草莓果醬的調理碗裡，攪拌均勻。

POINT 根據個人喜好調整生起司蛋糕麵糊的份量也沒問題。

7
從冰箱取出烤模，從烤模的中間倒入麵糊，用攪拌匙抵住，倒入約1/3份量 **6** 草莓風味的麵糊，再倒入約1/3份量的生起司蛋糕麵糊。

8
不斷交錯倒入約2～3次，直到麵糊用完。

POINT 將麵糊交錯地倒入烤模，可以做出自然的大理石紋路。

9
用1根竹籤以畫小圓的方式攪拌整體之後，放入冰箱冷藏30分鐘～1小時，使其冷卻凝固。

POINT 用竹籤攪拌至底部的話，整體的大理石紋路會更有一致性。

10
將用熱水加溫過的布巾圍在烤模的側面，加溫至烤模和生起司蛋糕之間出現縫隙為止。

POINT 布巾冷卻之後，重新加溫，重複操作這個步驟。

11
脫模，盛盤，將剩下的草莓對半切，裝飾在上面。

甜點店裡的酥脆餅乾泡芙，也能在家裡做出來。
收到很多「泡芙麵糊無法成功做出來」的回饋，這裡將會仔細解說。
被瘋狂敲碗的卡士達奶油的正確作法也會教給大家。

酥脆外皮和濃郁卡士達醬
雙重享受
餅乾泡芙

參考影片
看這裡！

SIDE

SECTION

美味製作訣竅

○ 餅乾麵糊用顆粒粗一點的紅糖，就能做出酥脆質感。

○ 泡芙麵糊需要確實加熱至80℃左右，趁著麵糊溫熱的時候，和雞蛋攪拌均勻。

○ 卡士達奶油用中至大火短時間一口氣加熱，就能做出入口即化的質感。

材料
12顆份

餅乾皮
低筋麵粉…60g
無鹽奶油…45g
紅糖…55g

準備直徑5cm的拆卸式壓模

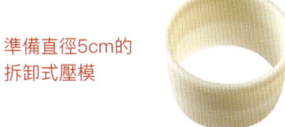

泡芙
低筋麵粉…50g

A
- 牛奶…40g
- 無鹽奶油…30g
- 水…40g
- 砂糖…2g
- 鹽…1g

雞蛋(L)…2顆

卡士達奶油
低筋麵粉…30g
香草莢…1根
牛奶…400g
蛋黃…5顆(約100g)
砂糖…80g
鮮奶油35%…160g

糖粉…適量

○ 將奶油回復至常溫備用。

延伸變化tips

● 如果沒有紅糖,雖然會減少酥脆感,用蔗糖取代也可以。

● 推薦使用「FLEUR DE SEL」風味強烈的鹽。

● 卡士達奶油快完成的時候加入5～20%程度的融化巧克力,即為巧克力卡士達奶油。

① 製作餅乾皮麵糰

1
在工作台鋪上烘焙紙,再過篩撒上低筋麵粉一次。
POINT 這個食譜只有使用低筋麵粉,過篩一次即可。

2
奶油和紅糖放入中玻璃製調理碗,用攪拌匙攪拌均勻。
POINT 紅糖不需要拌至溶解,整體均勻即可。

3
加入1的低筋麵粉,用攪拌匙拌至成團。
POINT 攪拌至以手觸摸麵糰不會黏手的狀態為標準。

4
將麵糰放在OPP膠紙上,上面再鋪上另一張。用擀麵棍擀成約2mm厚度,放入冰箱冷凍30分鐘以上。
POINT OPP膠紙用烘焙紙取代也可以。根據麵糰延展的厚度,口感會有所改變。

57

② 製作泡芙麵糊

1 烤箱以190℃預熱

在工作台鋪上烘焙紙，再過篩撒上低筋麵粉一次。

POINT 這個食譜使用的粉類只有低筋麵粉，過篩一次即可。

2

將 **A** 放入鍋裡，開大火，邊搖晃鍋子讓奶油融化。開始融化之後，用攪拌匙稍微攪拌至沸騰。

POINT 沸騰的狀態會讓整體融合為一。

3

不熄火，加入 **1** 的低筋麵粉，用攪拌匙按壓式地攪拌。

POINT 粉類吸飽水分的狀態。持續攪拌的話，麵糊會成團。

CHECK!

不停地攪拌至鍋底出現薄膜，麵糊成團、產生彈性為止。

POINT 加熱至麵糊80℃左右為止是關鍵。很多人失敗的原因為沒有確實加熱到足夠的溫度。

4

將麵糊放入中耐熱調理碗。在另一個調理碗打散雞蛋，取1/3份量的蛋液倒入麵糊調理碗，用攪拌匙攪拌。攪拌過後，再加入1/3份量的蛋液，再操作一次。

POINT 趁著麵糊還溫熱的時候，盡早拌入蛋液。剛開始雖然會有兩者分離的情況，持續攪拌就會融合為一。

CHECK!

攪拌至拉起麵糊會成團，濃稠但會掉落形成倒三角形的軟硬度為標準。

POINT 如果太硬，可以再加入少許蛋液（份量外、適量）。這個步驟的麵糊狀態會影響泡芙皮完成的厚度。

③ 完成泡芙

1 將烤盤倒扣，再鋪上烘焙墊。將直徑5cm的壓模沾取高筋麵粉（材料外、適量），在烘焙墊上做出泡芙麵糊的記號。

POINT 烘焙墊用烘焙紙取代也可以。

2 將擠花袋裝上擠花嘴（圓形No.11），填入泡芙麵糊，在1的記號擠上麵糊。

POINT 將擠花袋和記號的中心保持垂直，從高度1cm處不移動一口氣擠出麵糊。

3 從冷凍庫取出餅乾皮麵糰，用直徑5cm的壓模壓出6片麵糰，放在2的麵糊上。

POINT 藉著放上餅乾麵糰，即可烤出幾乎尺寸一致的泡芙。

4 以180℃烘烤約35分鐘。連同烘焙墊取出烤盤，放涼備用。剩下的麵糊也以和1～4相同的方法製作。

④ 製作卡士達奶油

1 在工作台鋪上烘焙紙，再過篩撒上低筋麵粉一次。

POINT 這裡使用的粉類只有低筋麵粉，過篩一次即可。

2 將香草莢直向劃出切口，取出籽。將牛奶、香草莢和香草籽放入鍋裡，開大火，沸騰之後，熄火，蓋上鍋蓋燜蒸約5分鐘。

POINT 香草莢也放入一起煮，香味會更濃郁。

59

3

將蛋黃放入中耐熱調理碗裡,加入砂糖攪拌均勻。

POINT 蛋黃加入砂糖之後,馬上攪拌的話就不容易結塊。剩下的蛋白可以冷凍保存(參閱P.69)。

4

加入 **1** 的低筋麵粉,用打蛋器攪拌至沒有粉氣為止。

5

加入一半份量 **2** 的牛奶,再使用打蛋器攪拌至整體融合為一。

6

將 **5** 倒回 **2** 的鍋裡,開中至大火加熱,用另一支攪拌匙不斷攪拌避免鍋底燒焦。

POINT 為了防止細菌產生,使用另一支乾淨的攪拌匙。運用中大火,短時間一口氣加熱可以做出入口即化的口感。

CHECK!

剛開始加熱時,整體的質感會偏硬,持續攪拌的話,就會形成沸騰的奶油狀,滑順具有光澤和彈力的狀態。

POINT 8分鐘左右為標準。

7

倒入鋪上保鮮膜的調理盤裡,取出香草莢。為了防止乾燥,在表面也鋪上保鮮膜再壓緊,讓卡士達奶油慢慢延展,在底部墊上冰塊冷卻,再放入冰箱冷藏約30分鐘。

POINT 因為容易滋生細菌,一定要用冰塊急速冷卻。

8 將鮮奶油放入大玻璃製調理碗，用手持攪拌機高速攪拌成硬一點的狀態。

POINT 和卡士達奶油拌在一起的話，打成硬一點的狀態，風味更好。

9 從冰箱取出 7，放在另一個大玻璃製調理碗，用攪拌匙大力攪拌至滑順的狀態為止。

POINT 卡士達奶油具有彈力不沾黏，可以從保鮮膜乾淨地取下就是正確的狀態。

10 加入 8 的鮮奶油，使用攪拌匙從底部舀起奶油充分攪拌均勻。

POINT 卡士達奶油和鮮奶油拌在一起，很適合搭配餅乾泡芙。不攪拌均勻，形成大理石狀態也可以。

⑤ 填餡

1 在烤好的泡芙底部用擠花嘴（星形No.10）鑽出孔洞。

2 將卡士達奶油填入裝上擠花嘴（星形No.10）的擠花袋，再填入 1 的孔洞。

POINT 從中央擠入的話，轉動擠花嘴四周也都會填滿奶油。擠入大量的奶油，讓奶油稍微溢出孔洞。

3 從上方用篩網整體都撒上糖粉。

61

CHAPTER.2
常溫甜點&巧克力

比起CHAPTER.1賞味期限比較短的甜點,常溫甜點更容易製作,保存期限也比較長。在這個章節會介紹更多可以更輕鬆製作的食譜,材料很少的食譜,只需要攪拌和烘烤就完成的食譜。松露巧克力或是生巧克力夾心餅乾,巧克力師必備的技巧也完全公開。適合和小朋友一起做甜點的方法,或是針對料理初學者的初次挑戰也很適合。任何一款甜點都很適合當成禮物送人,請務必當成情人節的禮物或是手作的小禮物表達自己的心意。

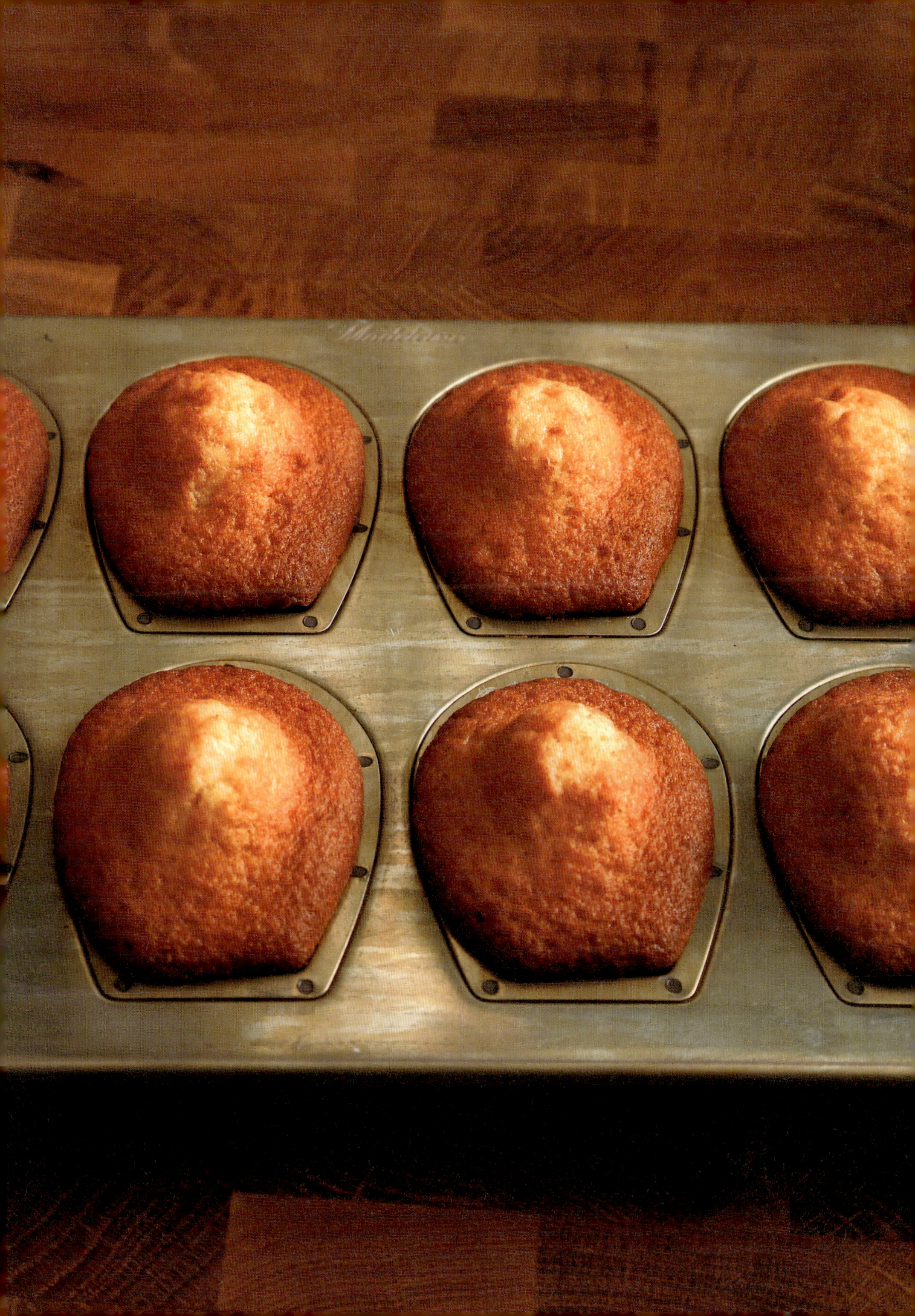

只需要1顆雞蛋製作
剛剛出爐的瑪德蓮

以簡單的材料和作法，設計出剛出爐最美味的食譜。
因為有加入蜂蜜，可以烤出蛋糕體濕潤、邊緣酥脆的口感。
只有在家才能吃到剛出爐的瑪德蓮，請務必試做享用看看。

參考影片
看這裡！

TOP

SECTION

美味製作訣竅

○ 加入蜂蜜，可以創造出本體濕潤邊緣酥脆的口感。

○ 將麵糊放入冰箱冷藏約1小時，讓粉類充分吸飽水分，可以烤出濕潤的口感。

○ 為了讓底部也能導熱，烤箱和烤模不要直接接觸，將烤模放在另一個烤模或是網架上烘烤。

○ 預熱設定200℃、190℃稍微高一點的溫度。

材料

低筋麵粉…60g
泡打粉…3g
雞蛋…1顆
蔗糖…40g
無鹽奶油…50g＋適量（塗抹烤模用）
蜂蜜…10g

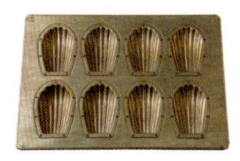

金屬製貝殼型
瑪德蓮烤模8個1盤

延伸變化tips

- 蜂蜜使用個人喜好的品牌沒問題。如果講究一點的話，推薦使用栗子蜂蜜。

- 也可以用水飴或是黑蜜取代蜂蜜。如果不放的話，蔗糖需要增量。

- 在 **6** 放入1顆份的檸檬皮碎末，可以增添香氣。

1
在工作台鋪上烘焙紙，再依序過篩撒上低筋麵粉、泡打粉，讓整體混合均勻，過篩兩次。

2
將雞蛋打入中玻璃製調理碗，加入蔗糖，用打蛋器攪拌均勻。

POINT 不需要打發，只需要混合均勻。保持讓砂糖吸飽水分的狀態。

CHECK!
砂糖完全溶化就OK。

3
加入 **1** 的粉類，用打蛋器充分攪拌。

POINT 不需要擔心過度攪拌，充分攪拌至整體均勻為止。

65

CHECK!

攪拌至沒有粉氣，呈現均勻濃稠的狀態即可。

4

將50g的奶油和蜂蜜放入小耐熱調理碗裡。

POINT 藉著加入蜂蜜的作法，可以烤出濕潤的蛋糕口感，表面邊緣酥脆。

5

封上保鮮膜，用微波爐以600W加熱30秒，稍微攪拌。

POINT 將奶油和蜂蜜一起加熱，麵糊會比較好攪拌。因為溫度很高，請小心壁面燙傷。

6

將5融入蜂蜜的奶油加入3的麵糊裡，使用打蛋器攪拌均勻。

POINT 融化奶油以40～60℃為標準。溫度太低的話不容易攪拌，溫度太高的話，雞蛋會結塊。

7

用攪拌匙攪拌確認是否攪拌均勻，從底部往上翻拌麵糊，充分攪拌至呈現光滑稀稀的質感。

8

封上保鮮膜，放入冰箱冷藏1小時。

POINT 藉由冷卻靜置的作法，可以讓粉類充分吸飽水分，做出濕潤的口感。

9 烤箱以200℃預熱

用手在烤模塗上一層薄薄的奶油,再放入冰箱冷藏至奶油凝固。

POINT 將奶油回復至常溫,比較容易塗抹。塗上奶油,瑪德蓮的顏色和香氣會更佳。

10

從冰箱取出 **8** 的麵糊,如果晃動調理碗麵糊也不會移動的狀態,就可以填入擠花袋裡。

POINT 一手拿著擠花袋,使用攪拌匙填入麵糊,會比較好操作。沾附在調理碗上的麵糊也能充分取下填入。

11

將擠花袋的前端剪下,擠入烤模約7～8分滿。

12

將底部拆卸式蛋糕烤模的底部取下,倒扣放入烤箱,再放上瑪德蓮烤模,以190℃烘烤12～13分鐘。

POINT 墊在烤模上烘烤,從底部也能導熱,就可以烤出完美形狀的瑪德蓮。放在網架上也可以。

關於讓麵糊熟成的時間

為了做出濕潤的口感,將麵糊放入冰箱裡熟成的步驟很重要。
請參考以下的重點,依據個人喜好調整時間。

- 放入冰箱冷藏熟成1小時的話,可以做出濕潤又輕盈的口感。
- 放入冰箱休息一個晚上的話,可以做出更濕潤的口感。
- 從冰箱取出麵糊之後,回復常溫再烘烤的話,表面的邊緣會更酥脆。

運用蛋白製作的甜點
焦化奶油費南雪

製作甜點經常會剩下蛋白，
這個時候就用來做費南雪吧！
藉著焦化奶油的步驟，可以做出爆炸性的美味。

參考影片
看這裡！

TOP

SECTION

美味製作訣竅

○ 將奶油加熱至深咖啡色為止，焦化會讓風味更上一層樓。

○ 加入稍微燒化的麵糊，會讓香氣更豐富。

○ 為了做出鬆軟濕潤的口感，使用金屬製的烤模。

○ 預熱設定200℃、190℃稍微高一點的溫度。

材料

低筋麵粉…25g
杏仁粉…25g
無鹽奶油…60g
蛋白…60g(M尺寸2〜3顆)
蔗糖…70g

○ 在大玻璃製調理碗倒入約一半的水量(**4**使用)。

金屬製費南雪烤模
8個1盤

延伸變化tips

- 奶油換成發酵奶油的話，風味更佳。
- 杏仁粉的品質會影響成品的風味，請選擇品質好一點的杏仁粉。推薦使用Marcona。
- 不馬上烘烤，將麵糊放入冰箱冷藏一個晚上，回復常溫再烘烤也可以。這種情況，費南雪的邊緣會更酥脆，蛋糕體則會膨脹得稍微少一點。

蛋白冷凍過後還是可以使用

冷凍方法
放入密封袋，攤成薄薄的狀態，放入冷凍庫，可以保存約1個月。

使用方法
在冷凍的狀態下，撥下使用的份量計量，再放入調理碗裡，放在常溫下解凍。將密封袋放在冰箱冷藏庫或是流水下解凍也可以。

1
在工作台鋪上烘焙紙，再依序過篩撒上低筋麵粉、杏仁粉，讓整體混合均勻，過篩兩次。

2
將奶油放入小鍋裡，開大火，用打蛋器邊攪拌邊加熱。
POINT 放著不攪拌的話，會在底部累積燒焦，形成苦味的來源，請務必不斷地攪拌。

69

3

加熱至整體形成咖啡色、出現泡沫之後即可熄火。

POINT 如果因為泡沫無法看清楚顏色，可以暫時先離火確認顏色。很快就會燒焦，請注意避免過度焦化。

CHECK!

一邊攪拌一邊用餘溫加熱，直到呈現深咖啡色就OK。

POINT 出現淺咖啡色的程度就可以熄火，深咖啡色則是最佳狀態。如果覺得顏色不足，可以繼續加熱。焦化的狀態會影響香氣和風味的變化，請確實掌握焦化的狀態。

4

稍微焦化沾鍋之後，馬上放入調理碗裡，用水抵住鍋底放涼。

POINT 焦化狀態會不斷發生，請盡快操作。放涼之前也不斷攪拌。很燙需要很小心。

5

烤箱以200℃預熱

將蛋白放入另一個大玻璃製調理碗，加入砂糖用打蛋器攪拌均勻。

POINT 不需要打發，攪拌均勻即可。砂糖吸飽水分的狀態。

CHECK!

砂糖完全溶化就OK。

6

加入 **1** 的粉類，用打蛋器充分攪拌。

POINT 不需要擔心過度攪拌，充分攪拌至整體均勻為止。

CHECK!

攪拌至均勻的濃稠狀態即可。

7

加入 **4** 的焦化奶油，鍋底的焦化物也一併加入。

POINT 焦化奶油的溫度以40～60℃為標準。溫度太低的話，可以用微波爐稍微加熱。為了增加香氣加入細碎的焦化物，如果是大一點的焦化物則過篩後再加入。

8

用打蛋器充分攪拌至呈現光滑稀稀的狀態為止。

POINT 趁著麵糊還是溫熱的狀態馬上烘烤，可以烤出邊緣酥脆，中間鬆軟，表面稍微裂開膨脹完美的狀態。

9

將麵糊倒入擠花袋裡。

POINT 將擠花袋放入計量杯裡攤開，比較容易填入麵糊。用攪拌匙將沾附在調理碗邊緣的麵糊也刮取填入。用湯匙舀起麵糊放入烤模裡也可以。

10

將擠花袋的前端剪掉，填入烤模約7～8分滿。

POINT 因為費南雪的奶油用量比較多，加上使用金屬製的烤模，就不需要再塗上奶油等用來脫模的油分。

11

以190℃烘烤13～15分鐘。

在融化的巧克力裡
加上柑橘的香氣，
做成的一款鬆軟口感的
瑪芬蛋糕。
剛出爐當然很好吃，
放個兩三天再吃也很美味。
請試著將放入裡面的食材
根據自己的喜好變化。

只需要攪拌和烘烤
巧克力柑橘瑪芬蛋糕

參考影片
看這裡！

SIDE

SECTION

美味製作訣竅

○ 將巧克力切碎至稍微保留顆粒的狀態。

○ 讓巧克力不要完全融化，麵糊的溫度下降之後最後再加入。

○ 請根據自己的喜好變化食材。

材料

苦味巧克力67%…120g
低筋麵粉…300g
砂糖…190g
杏仁粉…20g
泡打粉…15g
牛奶…140g
無鹽奶油…100g
雞蛋…2顆
糖漬柳橙皮…60g
柳橙皮…1顆份

高5×直徑6.5cm
瑪芬蛋糕杯模8個

延伸變化tips

- 因為要和柳橙搭配,除了白巧克力以外的巧克力都可以。

- 杏仁粉推薦使用Marcona。沒有的話,將低筋麵粉增加10g也可以製作。

- 將砂糖換成蔗糖或是紅糖,風味會更濃厚。

- 糖漬柳橙皮推薦「UMEHARA」。

1 將巧克力放在砧板上,用菜刀切碎。
POINT 以保留顆粒的感覺粗略地切碎即可。

2 在工作台鋪上烘焙紙,再依序過篩撒上低筋麵粉、杏仁粉、泡打粉,讓整體混合均勻,過篩兩次。

3 將牛奶和奶油放入500ml容量的耐熱計量杯,封上兩層保鮮膜。
POINT 牛奶加熱容易飛濺,因此封上兩層保鮮膜比較安全。

4 用微波爐以600W加熱約2分鐘融化奶油,稍微攪拌。
POINT 液體的溫度以80℃為標準。

5 烤箱以190℃預熱

將雞蛋打入大型玻璃製調理碗裡，打散。放入糖漬柳橙皮，再加入柳橙皮碎末。

POINT 柳橙白色的部分是苦味的來源，因此只需要刨橘色的部分。

6

用打蛋器稍微攪拌混合。

7

一邊加入 **4**，再度充分攪拌。

8

將 **2** 的粉類倒入另一個大玻璃製調理碗裡，再一口氣倒入 **7**。

9

用打蛋器充分攪拌均勻。

CHECK!

攪拌至沒有粉氣，整體呈現均勻的狀態即OK。

10 加入1的巧克力，用攪拌匙充分攪拌均勻。

POINT 這個時候，麵糊的溫度保持約30℃為最佳狀態。巧克力即使融化，也會有顆粒殘留。

CHECK! 攪拌至整體呈現均勻的狀態即OK。

11 用湯匙舀取麵糊放入瑪芬蛋糕杯模約7～8分滿。

POINT 瑪芬蛋糕杯模使用的是百圓商店購入的產品。尺寸可以根據個人喜好變化。

12 將瑪芬蛋糕杯模放在烤盤上，以180℃烘烤約40分鐘。

延伸變化點子

如果變換食材的話，巧克力以外的食材在5的時候加入，巧克力則在10加入。
尺寸大一點的食材切成5～10mm的方塊狀。

牛奶巧克力×香蕉 　　　綜合堅果 　　　白巧克力×冷凍乾燥莓果

或是其它搭配，牛奶巧克力×檸檬、紅茶×檸檬、蘭姆酒漬葡萄乾×香蕉等，可以自行變化組合。

75

只需要攪拌
濕潤口感超濃郁巧克力磅蛋糕

作法雖然超級簡單，卻完全可以做出像甜點店販售的正統美味。超濃郁又有層次的風味秘密在於精心調製過的巧克力。

參考影片看這裡！

SIDE

SECTION

美味製作訣竅

○ 為了做出巧克力的香氣和風味層次，用2～3種巧克力搭配調製。

○ 為了做出濕潤口感的蛋糕，出爐之後馬上用保鮮膜密封包住。

○ 比起剛出爐，放在冰箱冷藏2～3天熟成會更美味。

材料

低筋麵粉…15g
杏仁粉…15g
泡打粉…2g

A
- 苦味巧克力67%…100g
- 牛奶巧克力41%…30g
- 上白糖…35g
- 無鹽奶油…35g

雞蛋…2顆
苦味巧克力67%…20g（切碎用）

長16×寬6.5×高5.5cm
方形烤模（磅蛋糕烤模）1個

○ 將雞蛋回復至常溫備用。

延伸變化tips

- 如果只使用牛奶巧克力或是苦味巧克力也可以，風味層次會稍微下降。

- 使用上白糖製作，可以讓風味更加豐富。

- 使用堅果或是水果乾取代巧克力碎，也很美味。

1
根據烤模的底部和側面裁剪烘焙紙，再鋪進烤模裡。

2
在工作台鋪上烘焙紙，再依序過篩撒上低筋麵粉、杏仁粉和泡打粉，讓整體混合均勻，過篩兩次。

3
將 A 放入大耐熱調理碗，封上保鮮膜，再用微波爐以600W加熱30秒3～4次至巧克力融化。

CHECK! 
砂糖在後續攪拌的時候會溶化，這個時候不需要完全溶化沒關係。

77

4 烤箱以190℃預熱

將雞蛋打入另一個玻璃製調理碗,打散拌勻。再將一半份量的蛋液加入 **3**,攪拌均勻。

POINT 雞蛋如果溫度太低的話,會讓巧克力結塊,因此請務必回復至常溫。雞蛋和巧克力稍微會有分離的狀態產生,不需要特別在意持續攪拌。

5

加入剩下的蛋液,充分攪拌均勻。

POINT 持續攪拌至呈現滑順的狀態為止。

CHECK!

攪拌至出現光澤、滑順的狀態即OK。

6

加入 **2** 的粉類,用打蛋器充分攪拌均勻。

POINT 不需要擔心過度攪拌,充分攪拌至沒有粉氣的狀態為止。

7

將巧克力(切碎用)放在砧板上,用菜刀粗略切碎。

POINT 需要保留顆粒感,所以粗略切碎即可。

8

將 **7** 的巧克力加入 **6** 的調理碗裡,攪拌均勻。

POINT 攪拌到一定程度之後,換成攪拌匙,從底部往上舀起翻拌,確認是否攪拌均勻。

9 將 **8** 的麵糊倒入烤模裡，在工作台上輕敲 4～5 次讓麵糊延展攤開。

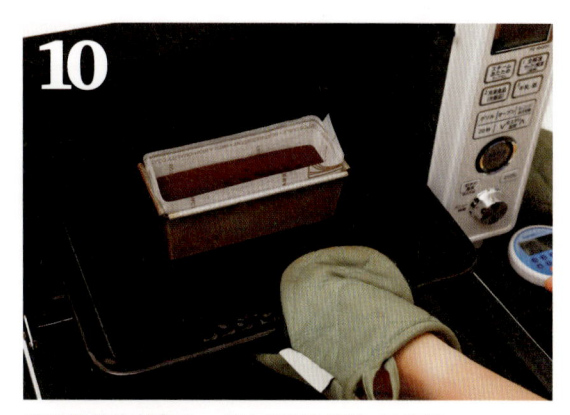

10 將烤模放在烤盤上，以170℃烘烤約45分鐘。

11 從烤箱連同烤模取出烤盤，趁熱脫模。
POINT 只需要傾斜烤模，就能取出蛋糕。

12 馬上用保鮮膜密封包住，靜置至冷卻為止。
POINT 趁熱包上保鮮膜的話，可以做出濕潤的蛋糕口感。

延伸變化點子

如果變換食材的話，和巧克力同樣在 **8** 的時候加入。
尺寸大一點的食材切成 5～10mm 方塊狀。

綜合水果乾 　　　覆盆子(冷凍) 　　　柳橙皮

放入具有口感的食材也很美味，用水果添加香氣也很推薦。

清爽檸檬香
糖霜蛋糕

不管是蛋糕體本身或是糖漿都含有大量的檸檬，
入口會在嘴裡擴散出新鮮的香氣。
軟脆口感的檸檬糖霜，超級好吃！

參考影片
看這裡！

SIDE

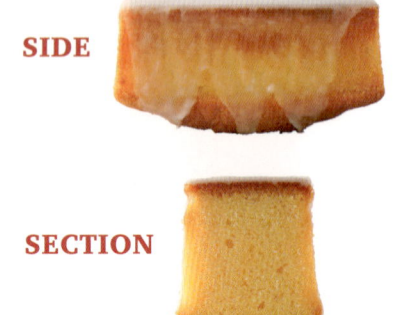

SECTION

美味製作訣竅

○ 在蛋糕麵糊用的砂糖裡加入檸檬皮，香氣就不容易揮發。

○ 趁著蛋糕溫熱的狀態，塗上溫熱的檸檬糖漿，使其充分入味。

○ 淋上薄薄的糖霜，烘烤過後就能形成一層薄糖的軟脆口感。

材料

蛋糕
低筋麵粉…100g
泡打粉…3g
砂糖…100g
檸檬皮…3顆份
無鹽奶油…40g
雞蛋…1顆
檸檬汁…1顆份

檸檬糖漿
水…25g
砂糖…25g
檸檬汁…1顆份

檸檬糖霜
糖粉…150g
檸檬汁…1顆份

○ 將奶油回復至常溫備用。
○ 檸檬汁用刨過皮的檸檬榨汁。

長16×寬6.5×高5.5cm
方形烤模(磅蛋糕烤模)1個

延伸變化tips

● 糖粉推薦沒有添加玉米粉的純糖粉。

● 因為會使用到檸檬的皮，日本國產無農藥的檸檬比較安心。

● 糖漿和糖霜，用1顆份的柳橙取代檸檬的話，就能做出不一樣的風味。

① 製作蛋糕體

1 根據烤模的底部和側面裁剪烘焙紙，再鋪進烤模裡。

2 在工作台鋪上烘焙紙，再依序過篩撒上低筋麵粉、泡打粉，讓整體混合均勻，過篩兩次。

3 將砂糖放入中玻璃製調理碗，再刨入檸檬皮碎末，用攪拌匙攪拌備用。

POINT 檸檬白色的部分是苦味的來源，只需要刨黃色的部分。和砂糖混合的話，香氣就不會揮發。

4 將奶油和 **3** 的砂糖放入大玻璃製調理碗，用攪拌匙充分攪拌均勻。

POINT 奶油一定要回復至常溫。攪拌至砂糖吸飽奶油水分的狀態。

5
烤箱以180℃預熱

將雞蛋打入另一個調理碗，再加入 **4** 裡，用打蛋器充分攪拌至呈現滑順的狀態為止。

POINT 剛開始攪拌會有分離的狀態產生，持續攪拌的話就能呈現滑順的質感。

6
加入 **2** 的粉類，用打蛋器充分攪拌均勻。

POINT 充分攪拌至整體均勻為止。

7
準備3個小容器，將削皮過的檸檬切半，分別榨出1顆份的檸檬汁。

POINT 在切檸檬之前，放在工作台上，用手輕壓前後滾動，鬆動檸檬的纖維，會比較容易榨汁。

8
將 **7** 裡1顆份的檸檬汁放入 **6**，用打蛋器攪拌。攪拌至一定程度之後，換成攪拌匙，將調理碗邊緣沾附的麵糊刮下，攪拌至整體均勻的狀態。

POINT 從 **4** 開始到這個步驟，用食物調理機操作也可以。

9
將麵糊倒入烤模，在工作台上輕敲4～5次，再用攪拌匙從中間往兩端抹開麵糊。

POINT 麵糊中間保持低一點的話，比較容易受熱，會膨脹裂開，釋放出蒸氣，烤出濕潤蓬鬆的口感。

10
將烤模放在烤盤上，以170℃烘烤約50分鐘。

② 製作檸檬糖漿

1 將水、砂糖、①-7的1顆份檸檬汁放入鍋裡,開大火使其沸騰,搖晃鍋子讓砂糖完全融化。

POINT 用攪拌匙攪拌的話,會導致結晶化,藉著搖晃鍋子使其融化。

③ 製作檸檬糖霜

1 將糖粉、①-7的1顆份檸檬汁放入中玻璃製調理碗,用打蛋器充分攪拌至滑順稀稀的狀態為止。

④ 完成蛋糕

1 從烤箱連同烤模取出烤盤,放涼之後,脫模,撕下烘焙紙,倒扣在調理盤上的網架。

2 趁著蛋糕溫熱的狀態,在底部和側面用毛刷塗上檸檬糖漿,靜置約5分鐘,讓糖漿滲進蛋糕裡。

POINT 趁著糖漿溫熱的狀態,塗在溫熱的蛋糕上。糖漿冷掉的話,需要再度加熱。糖漿的份量感覺比較多,全部滲入蛋糕裡是美味的關鍵。

3 蛋糕整體淋上檸檬糖霜。

POINT 這個食譜的糖霜濃度比較低,因此可以淋厚一點。

4 將烤盤倒扣,放上調理盤,以200℃烘烤1分鐘,讓糖霜乾燥。

POINT 糖霜乾燥後會形成薄薄的砂糖膜,做出薄糖衣的軟脆口感。

83

只需要3種材料
超正統松露巧克力

只需要稍微加入一個工序,
就能做出表面脆口裡面濃稠質感的超正統風味。
調溫(tempering)等困難的技巧一概不需要。

參考影片
看這裡!

SIDE

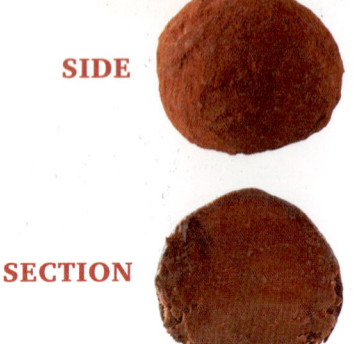

SECTION

美味製作訣竅

○ 用打蛋器攪拌巧克力,會把多餘的空氣打進去,請務必用攪拌匙操作。

○ 為了做出表面脆口、裡面濃稠的質感,需要在巧克力表面操作3次的塗層。

○ 最後再用篩網篩掉多餘的可可粉。

材料
直徑約3cm25顆

牛奶巧克力41%…300g＋約100g（塗層用）

鮮奶油35%…150g

可可粉…約50g（塗層用）

○ 鮮奶油直到使用之前都先放在冰箱冷藏備用。

延伸變化tips

- **2** 加入鮮奶油約3～5％的白蘭地也可以。

- **9** 揉圓的時候加入堅果或是無花果乾也很美味。

- 塗層的巧克力用白巧克力或是苦味巧克力也可以。

- **15** 取代可可粉，變化成糖粉、抹茶或是咖啡粉也可以。

1
將300g巧克力和鮮奶油放入大耐熱調理碗，封上保鮮膜，用微波爐以600W加熱30秒5次左右至巧克力融化為止。

POINT 鮮奶油直到使用之前都先放在冰箱冷藏備用。

2
用攪拌匙從中間開始攪拌至巧克力完全融化。

POINT 巧克力沒有完全融化的話，可以再用微波爐加熱約30秒。剛開始會有油水分離的狀態產生，持續攪拌至出現光澤、濃稠的狀態即可。

3
倒入鋪著保鮮膜的調理盤上，搖一搖讓厚薄度均勻。趁著表面還沒有乾燥，鋪上保鮮膜壓密實，放入冰箱冷藏30分鐘至凝固。

POINT 讓厚薄度保持一致的話，溫度會平均下降，可以做出滑順的口感。

4
從冰箱取出巧克力放在砧板上，撕下保鮮膜，用篩網在表面整體都篩上可可粉。

POINT 保鮮膜如果不能完整的撕下，表示冷卻的狀態可能不足，請再放回冰箱冷卻。特別注意不要讓保鮮膜混入巧克力裡。

5

再次蓋上一層保鮮膜，將整片巧克力翻面，撕下本來在底部的保鮮膜，用篩網在表面整體過篩可可粉。

POINT 用篩網過篩可可粉的話，就能避免手和砧板都沾滿巧克力，比較方便操作。

6

用菜刀將巧克力切成25等分。

POINT 尺寸可以根據個人喜好無妨。使用長一點的菜刀，用熱水加熱菜刀後再切，每切一刀就用布巾擦拭乾淨再切。

7

蓋上保鮮膜，連著砧板將巧克力放入冰箱冷藏，冷卻約15分鐘使其硬化。

POINT 硬一點的巧克力比較容易揉圓。這個狀態的生巧克力也很美味。

8

在調理盤上鋪保鮮膜，從冰箱取出7。用橡膠手套取下巧克力，放在手上，再篩上可可粉。

POINT 如果手的溫度太高的話，可以在橡膠手套下先戴一層工作手套，會比較容易操作。

9

將巧克力揉圓成形之後，放在鋪著保鮮膜的調理盤上。剩下的巧克力也以相同的方式製作。

POINT 每揉圓一顆巧克力，就要在橡膠手套撒上可可粉。途中需要些微地調整巧克力的尺寸。

10

將約100g的巧克力放入中耐熱調理碗，封上保鮮膜，用微波爐以600W加熱30秒。

POINT 約一半的份量融化即可。

11

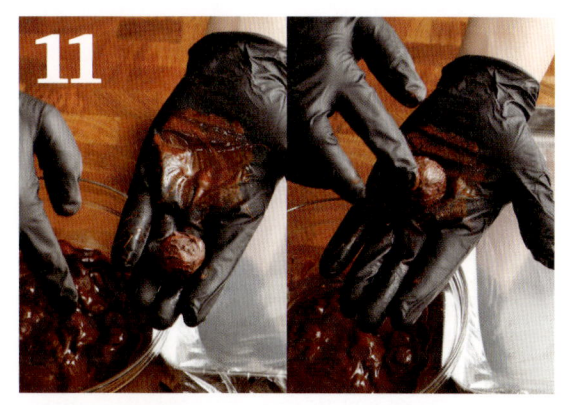

準備另一個調理盤，鋪上保鮮膜。將 **10** 的巧克力塗在手掌上，再將 **9** 放在手上滾動，塗層後，放在調理盤上。剩下的巧克力也以相同的方式製作。

POINT 塗層的巧克力薄薄一層即可。

12

蓋上保鮮膜，放入冰箱冷藏約10分鐘冷卻硬化。

13

從冰箱取出 **12** 的調理盤，再次操作 **11**～**12**。

14

在另一個調理盤鋪上保鮮膜，用篩網在整體篩上多一點的可可粉。

15

從冰箱取出 **13** 的調理盤，以和 **11** 相同的方式，做出薄薄的塗層，放在 **14** 的調理盤上。做出3個巧克力塗層之後，搖晃調理盤使其裹上可可粉。剩下的巧克力也以相同的方式製作。

POINT 一邊適時地追加可可粉一邊操作。

16

將每一個松露巧克力放入篩網搖動，篩掉多餘的可可粉之後，放到另一個調理盤上。剩下的巧克力也以相同的方式製作。

POINT 如此一來，可以整成漂亮的圓形，也能取下多餘的可可粉，口感更好。

87

酥脆濃郁的幸福口感
生巧克力夾心餅乾

可以吃到滑順濃郁生巧克力的酥脆夾心餅乾。
夾入厚厚的生巧克力，只吃一個就很有滿足感。
自用送禮都適合的奢華系甜點。

參考影片
看這裡！

SIDE

SECTION

美味製作訣竅

○ 餅乾用的砂糖使用粒子細一點的糖粉，可以做出好口感。

○ 甘納許奶油充分攪拌至乳化、呈現滑順狀態為止。

○ 為了讓巧克力餅乾能保持酥脆的口感，在餅乾背面也塗上巧克力。

材料
16個

巧克力餅乾
低筋麵粉…200g
可可粉…40g
無鹽奶油…120g
糖粉…80g
雞蛋…1顆
高筋麵粉…適量(手粉用)

○ 將奶油和雞蛋回復至常溫備用。

苦味巧克力67%…20g(塗抹用)

甘納許奶油
苦味巧克力67%…360g
鮮奶油35%…290g
無鹽奶油…40g

18×18×高5cm
底部拆卸式方形烤模1個

延伸變化tips

● 糖粉推薦使用沒有添加玉米粉的純糖粉。

● 甘納許奶油使用的巧克力換成個人喜好的巧克力也可以。

● 在甘納許奶油夾心的側面裹上水果乾或是可可粉也很美味。

● 餅乾有剩餘的話，直接單吃餅乾也很美味。

① 製作巧克力餅乾

1 在工作台鋪上烘焙紙，再依序過篩撒上低筋麵粉、可可粉，讓整體混合均勻，過篩兩次。

2 將奶油放入大玻璃製調理碗，用攪拌匙稍微攪拌，加入糖粉攪拌至呈現滑順的質感為止。
POINT 砂糖吸飽奶油水分的狀態。

3 將雞蛋打入小玻璃製調理碗，打散，再取一半份量倒入 **2** 裡，用攪拌匙充分攪拌均勻。

4 加入剩下的蛋液，用攪拌匙攪拌。
POINT 這個時候，雞蛋和奶油會產生分離的狀態無妨，接下來的步驟會改善這個狀態。

5 加入 **1** 的粉類，用攪拌匙充分攪拌至沒有粉氣、滑順的狀態為止。
POINT 用手觸摸也不會沾黏就是攪拌完成狀態的標準。

6 將麵糊分成一半，用保鮮膜包住，整成相同厚度的平坦四方形，放入冰箱冷藏2小時以上。
POINT 冷卻過後會讓麵糊比較容易操作。直接冷凍保存也可以。(參閱P.13)

89

7 在砧板鋪上OPP膠紙,用篩網過篩高筋麵粉。從冰箱取出1個6的麵糊,撕下保鮮膜,再過篩高筋麵粉。

POINT OPP膠紙用烘焙紙取代也可以。

8 蓋上一層OPP膠紙,用擀麵棍擀成厚2.5mm×20cm的四方形,放入冰箱冷藏10～15分鐘。另一個麵糊也以相同的方式製作。

POINT 在左右放上兩支厚2.5mm的尺,90°轉向,會比較好擀開。(參閱P.95 **CHECK!**)

9 烤箱以170℃預熱

從冰箱取出麵糊,撕下OPP膠紙。放在鋪著OPP膠紙的砧板上,用尺和刀子將巧克力麵糊的邊緣切齊,再切成每塊5cm見方的四方形。

10 另一片巧克力也以相同方式裁切。

POINT 將刀子立起裁切的話,就不會沾黏巧克力,可以切出漂亮的切口。如果麵糊會沾黏,可以在尺撒上一些高筋麵粉。切下來的邊端巧克力麵糊,揉成團以相同方式裁切。

11 將烤盤倒扣,鋪上烘焙紙,再放上巧克力麵糰,以160℃烘烤10～15分鐘。剩下的麵糰也以相同方式烘烤。

② 製作甘納許奶油

1 根據烤模的底部和側面裁切烘焙紙,再鋪進烤模裡。

2 將巧克力放入中耐熱調理碗,再加入鮮奶油。

3 封上保鮮膜,用微波爐以600W加熱30秒6～7次至巧克力融化為止。

4 用攪拌匙從中間一點一點開始攪拌,攪拌至呈現濃稠滑順的狀態為止。

POINT 用打蛋器攪拌的話,會打入多餘的空氣,請務必用攪拌匙操作。

CHECK!

攪拌途中會出現油水分離、不夠濃稠的狀態，持續攪拌的話就能乳化，形成滑順的狀態。如果怎麼做都無法乳化，可以稍微放入一些加熱過的牛奶或鮮奶油再次攪拌。

5 加入奶油，用攪拌匙充分攪拌。

POINT 奶油溫度太低的話無法拌開，請務必回復至常溫備用。攪拌至出現光澤、濃稠的狀態即可。加入奶油的話，冷卻過後也能入口即化。

6 倒入烤模，搖晃烤模讓麵糊擴散到四個邊角。鬆鬆地封上保鮮膜，放入冰箱冷藏約1小時冷卻硬化。

POINT 冷卻至觸摸麵糊也不會黏手的狀態為止。

7 從冰箱取出烤模，取下保鮮膜脫模，撕下側面的烘焙紙。

8 放在砧板上，蓋上另一張烘焙紙，再連著烘焙紙翻轉整塊麵糊，撕下本來在底部的烘焙紙。

9 用熱水加熱菜刀，再用布巾擦乾水分，切成每塊4.5cm見方的四方形。

POINT 將菜刀確實加熱，每切一次就擦拭乾淨再切，就可以切出漂亮的切口。

③ 組合生巧克力夾心餅乾

1 將巧克力（塗抹用）放入小耐熱調理碗裡，封上保鮮膜，使用微波爐以600W加熱30秒。

2 在巧克力餅乾的背面，用毛刷塗上 **1** 的巧克力。

POINT 這麼做可以防止甘納許奶油的水分滲透進餅乾裡，保持餅乾的乾燥狀態。

3 用竹籤將1塊甘納許奶油放在巧克力餅乾上，再覆蓋另一片巧克力餅乾。

POINT 塗上巧克力的那一面在裡側。

91

可以自由變化的萬用餅乾

這個食譜不只可以延伸變化做出各種餅乾，也能當成蛋糕或是塔派的底座麵糰。
加入杏仁奶油的話，就能品嘗到更豐富的風味。

參考影片
看這裡！

TOP

SECTION

美味製作訣竅

○ 餅乾用的砂糖使用粒子細一點的糖粉，可以做出好口感。

○ 有鹽奶油無法釋放出食材的風味，請務必使用無鹽奶油和鹽。

○ 將奶油回復至常溫、柔軟的狀態備用。雞蛋也回復至常溫備用。

材料
方便製作的份量

- 低筋麵粉…200g
- 杏仁粉…30g
- 鹽…2g
- 無鹽奶油…120g
- 糖粉…80g
- 雞蛋…1顆
- 高筋麵粉…適量（手粉用）

準備個人喜好形狀的壓模。

○ 將奶油和雞蛋回復至常溫備用。

延伸變化tips

- 加入約低筋麵粉一半份量的高筋麵粉的話，就能做出鬆脆的口感。

- 將低筋麵粉的5～10%換成可可粉，或是3～5%換成抹茶、紅茶、香料等變化也可以。

- 杏仁粉推薦使用Marcona。換成榛果粉的話，香味更佳。

- 麵糰擀成厚1～1.5mm也可以。

1
在工作台鋪上烘焙紙，再依序過篩撒上低筋麵粉、杏仁粉和鹽，讓整體混合均勻，過篩兩次。

2
將奶油放入大玻璃製調理碗，用攪拌匙稍微攪拌。

POINT 將奶油回復至常溫（13～18℃），比較容易和其它材料拌在一起。用微波爐加熱融化的話，容易油水分離，可以的話，放在常溫軟化。

3
加入糖粉，用攪拌匙以按壓的方式和奶油拌在一起，攪拌至呈現滑順的狀態為止。

POINT 砂糖吸飽奶油水分的狀態。

4
將雞蛋打入小玻璃製調理碗，打散，取一半份量加入**3**裡，用攪拌匙充分攪拌均勻。加入剩下的蛋液，以相同的方式攪拌均勻。

POINT 分次加入可以避免油水分離的狀態。

CHECK!

攪拌至均勻、呈現稍微濃稠的狀態即可。

5

加入 **1** 的粉類,用攪拌匙攪拌均勻。

CHECK!

攪拌至整體均勻、沒有粉氣的狀態即OK。

POINT 攪拌完成的判斷標準是觸碰麵糰也不會沾手的狀態。

6

用保鮮膜包住麵糰,整成厚度一致的平坦四方形,放入冰箱冷藏約2小時熟成。

POINT 經過冷藏的步驟,麵糰比較容易操作。以這個狀態直接冷藏或冷凍保存都可以(參閱P.13)。

7

從冰箱取出麵糰,讓麵糰溫度回復至 14～20℃的狀態備用。

POINT 既不是冷冰冰硬硬的,也不是完全軟化,用手指按壓也不會有凹陷的狀態為佳。

8

在工作台鋪上OPP膠紙,再用篩網過篩撒上高筋麵粉。取下**7**麵糰上的保鮮膜,再將麵糰對摺放在工作台上,過篩撒上高筋麵粉,蓋上OPP膠紙,再用擀麵棍擀成厚2.5mm。

POINT OPP膠紙用烘焙紙取代也可以。

94

CHECK!

在麵糰左右放上2把厚2.5mm的尺，比較方便操作。一邊將麵糰90°轉向，只在中間部分擀開的話，就能擀成均勻厚度的正方形。

9

用OPP膠紙夾住麵糰，放入冰箱冷藏約30分鐘熟成。

10 烤箱以180℃預熱

從冰箱取出麵糰，再撕下OPP膠紙。將麵糰放到鋪著OPP膠紙的砧板上，以自己喜歡的壓模壓出麵糰。

POINT 最佳狀態的麵糰，邊角不會下陷，可以壓出漂亮的切口。

11

將烤盤倒扣，接著鋪上烘焙紙，再放上 **10** 的麵糰，以170℃烘烤20分鐘。

POINT 可以在表面淋上糖霜，或是畫出圖案裝飾。

用在塔模的製作方法

用餅乾麵糰做成塔派底座的時候，以和 **1～9** 相同的方式製作，將麵糰擀成圓形，再依照下圖的順序鋪進烤模。使用毛刷可以讓邊角輕鬆地鋪得更完美。

1

將麵糰蓋在烤模上，用手一邊拉起麵糰，一邊用毛刷在烤模的邊緣輕輕按壓麵糰，按壓一圈之後，下一圈稍微更用力一點。

POINT 使用刷毛比較柔軟的毛刷。

2

從烤模上方滾動擀麵棍，切下多餘的麵糰。

3

用拇指輕輕按壓沒有貼合的部分，讓整體麵糰均勻地鋪在烤模裡。

以180℃預熱，放入重石調至170℃烘烤15分鐘，取下重石，烘烤10分鐘，即完成塔派的底座。草莓生起司蛋糕（參閱P.52）或是反烤蘋果塔（參閱P.102）的底座也很推薦用這個食譜製作。

CHAPTER.3
人氣款甜點

舒芙蕾起司蛋糕、反烤蘋果塔、可麗露等等都是很受歡迎的甜點，但是很多人都會覺得這些甜點製作起來好像很困難。針對這些甜點，構思出可以輕鬆、短時間製作而成的食譜。掌握製作訣竅的話，就可以做出像甜點店裡的商品一樣。此外，舒芙蕾起司蛋糕或是台灣古早味蛋糕剛出爐的軟嫩蓬鬆口感，以及剛出爐的布丁口感，正因為在家製作，就可以品嘗到剛出爐獨有的美味。請大家務必在家裡試著製作看看，享受這些美味。

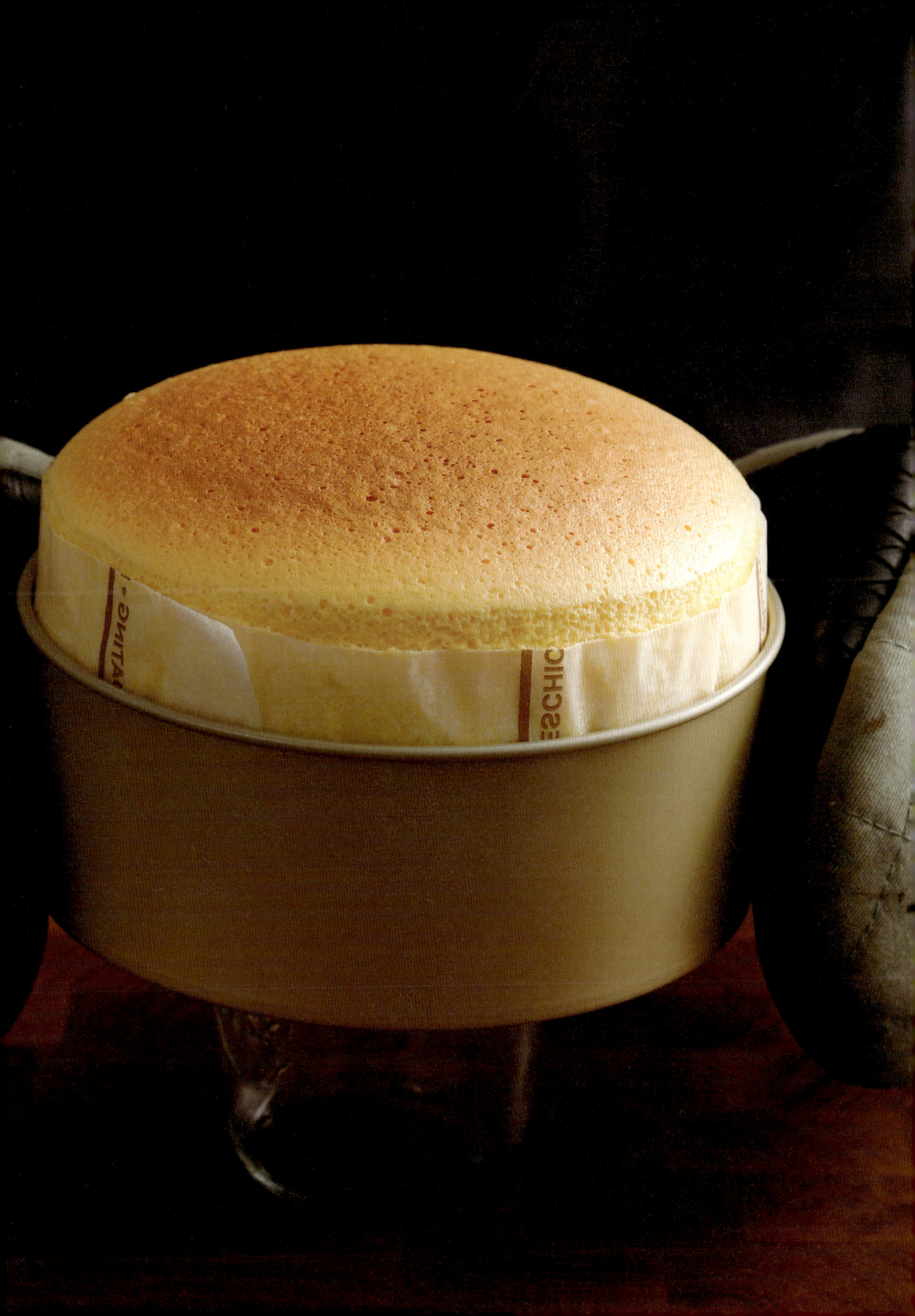

不使用起司
鬆軟鬆軟舒芙蕾起司蛋糕

使用優格和蛋黃做出滑順的口感，
玉米粉則可以讓口感蓬鬆。
只需要5種材料，就能做出低卡路里、低預算的美味。

參考影片
看這裡！

SIDE

SECTION

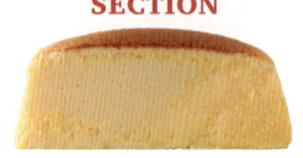

美味製作訣竅

○ 為了做出蓬鬆的質感，將蛋白霜充分打發至出現光澤、質感細緻的狀態為止。

○ 不用擔心蛋白霜和麵糊過度攪拌，充分攪拌均勻。

○ 運用隔水烘烤的方式烘烤，導熱速度慢，可以做出滑順的口感。

材料

低筋麵粉…20g
玉米粉…20g
雞蛋(M～L)…3顆
優格…200g
砂糖…100g

直徑15×高6cm 底部拆卸式
圓形烤模(蛋糕烤模)1個

延伸變化tips

- 依據使用的低筋麵粉的廠牌差異，成品的軟硬度可能會有所變化。這裡使用的是「日清 VIOLET」。

- 希臘優格會變硬，使用一般的優格即可。

- 將砂糖換成蔗糖的話，口味會更有層次。

---

1 根據烤模的底部和側面裁剪烘焙紙，再鋪進烤模裡。

2 在工作台鋪上烘焙紙，再依序過篩撒上低筋麵粉、玉米粉，讓整體混合均勻，過篩兩次。
POINT 粉類是否攪拌均勻是製作重點。

3 將蛋白放入大的玻璃製調理碗，蛋黃放入小的玻璃製調理碗。

4 將優格放入另一個大玻璃製調理碗，再加入 **3** 的蛋黃，用打蛋器攪拌。

99

5

加入 **2** 的粉類，用打蛋器充分攪拌均勻。

POINT 攪拌至麵糊均勻、稍微出現濃稠感即可。

6 烤箱以150℃預熱

將砂糖加入 **3** 蛋白調理碗裡，用手持攪拌機高速攪拌，攪拌至出現痕跡之後，調成中速，充分攪拌至呈現細緻的蛋白霜狀態。

POINT 攪拌至麵糊均勻、稍微出現濃稠感即可。

CHECK!

攪拌時間約 **4** 分鐘，攪拌至出現光澤、提起會滴下形成痕跡的狀態即可。

POINT 因為加入比較多的砂糖，不會形成可以拉出尖角的質感。

7

將少許 **6** 的蛋白霜放入 **5** 的麵糊，用打蛋器輕輕地攪拌均勻。

POINT 加入蛋白霜，麵糊會產生沉澱的狀況，不需要在意地攪拌。這個步驟，如果底部殘留麵糊無妨。

8

將剩下的蛋白霜加入 **7**，再使用攪拌匙從底部舀起麵糊攪拌。

POINT 攪拌至沒有大理石紋路、均勻的狀態為止。

CHECK!

攪拌至出現光澤、完全均勻即可。

POINT 不需要擔心過度攪拌，請充分攪拌。充分攪拌比較不會失敗。

9
將麵糊倒入烤模裡，再用1根竹籤畫出約40次的小圓，攪拌整體麵糊。

POINT 用竹籤攪拌的話，麵糊的氣泡會變小、均勻，烘烤出光滑的表面。

10
將調理盤放在烤盤上，再放上烤模，放入烤箱。

POINT 隔著一層調理盤，不會碰到熱水，慢慢地從底部導熱，表面就不容易裂開。

11
在烤盤裡倒入40℃以上的熱水約1cm高，以150℃隔水烘烤30分鐘後，調成140℃再隔水烘烤約30分鐘。

POINT 烘烤過程中如果水分不夠，可以再加熱水，烤到表面上色、出現彈性為烘烤完成的標準。

12
從烤箱取出烤模，脫模，撕下烘焙紙。

POINT 如果烤盤裡還有熱水殘留，只取出烤模，等烤盤都冷卻後再取出比較安全。

表面不會裂開的方法

如果是氣密性高的烤箱，內部容易蓄積蒸氣，導致溫度不斷上升，蛋糕表面容易裂開。將溫度調降至140℃之後，每隔15分鐘，打開烤箱，讓蒸氣散掉，就能烤出漂亮的蛋糕表面。但是，如果溫度下降的話，蛋糕就不會膨脹，在膨脹到足夠的高度之前，特別注意不要打開烤箱。此外，溫度過度下降，烘烤時間需要拉得更長。

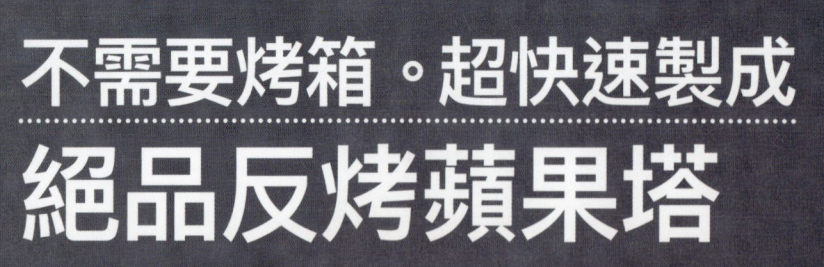

不需要烤箱。超快速製成
絕品反烤蘋果塔

不使用烤箱，使用平底鍋，
可以短時間製作而成的反烤蘋果塔。
沾裹上香氣十足焦糖的蘋果是絕品。
加上無糖的鮮奶油或是冰淇淋，人間美味。

參考影片
看這裡！

SIDE

SECTION

美味製作訣竅

○ 蘋果不需要切得大小一致，適當切成不同形狀和尺寸，可以享用不同的口感。

○ 享用蘋果炒過後所留下的口感，嶄新的滋味。

○ 將蘋果充分炒至邊角變圓、透明的狀態，釋出風味為止。

材料

無鹽奶油…30g(塔座麵糰用)＋30g(填餡用)
派皮(市售品)…80g
水…40g
洋菜粉…8g
蘋果…4顆(帶皮帶籽的狀態約800～900g)
蜂蜜…50g
砂糖…100g
鮮奶油35%…50g

○ 將鮮奶油回復至常溫備用。

直徑15×高6cm 底部拆卸式
圓形烤模(蛋糕烤模)1個

延伸變化tips

- 蘋果推薦使用紅玉、富士、SAN 富士等酸度比較高的品種。

- 蘋果也可以換成洋李子、洋梨、柿子等水果，一樣美味。

- **10** 加入肉桂或香草，用卡爾瓦多斯酒(Calvados)等酒焰燒(Flambé)的話，風味會更豐富。

- 酥鬆酥鬆的派皮比較適合製作。亦可使用餅乾。

1
根據烤模的底部裁剪出2片烘焙紙，其中1片鋪進烤模裡。
POINT 另1片用在 **17**。

2
將30g的奶油放入小型耐熱調理碗，封上保鮮膜，用微波爐以600W加熱30秒融化奶油。

3
將派皮放入夾鏈式密封袋，稍微打開袋口擠出空氣，再封緊用手揉碎。
POINT 用手揉碎可以做出粗細不一的質感，享用不同的口感。

4
加入**2**的融化奶油，充分混合至濕潤均勻的狀態。

5
將**4**的派皮放入**1**的烤模，蓋上保鮮膜，用手按壓整體底部，再將保鮮膜揉圓充分按壓麵糰至緊實的狀態。

6
封上保鮮膜，再放入冰箱冷凍10分鐘以上，使其冷卻硬化。
POINT 奶油冷卻會讓派皮麵糰硬化。

7
將水倒入小型耐熱容器，再撒入洋菜粉，放在常溫靜置約5分鐘至洋菜粉吸飽水分。

POINT 將水加入洋菜粉的話，會容易結塊，因此請留意操作的順序。

8
將蘋果全部削皮，切成8等分，去芯，切成小一點的尺寸。

POINT 蘋果不需要切得大小一致，切成適當的尺寸不同形狀，可以享用不同的口感。

9
將鐵氟龍不沾塗層加工的平底鍋開大火，放入蜂蜜，沸騰出現香氣之後，調成中火，放入30g的奶油，邊搖晃平底鍋讓奶油融化。

10
加入 **8** 的蘋果，開中火至大火，用攪拌匙邊攪拌邊炒約10分鐘。

POINT 剛開始炒的時候，蘋果會釋放出水分，繼續拌炒的話，蘋果會再將水分吸回。

CHECK!
炒至沒有水分，邊角變圓、通透的狀態即可。

POINT 經過拌炒的步驟，就不需要長時間用烤箱烘烤，可以做出清脆口感，嶄新的味蕾體驗。

11
開大火熱鍋，放入一半份量的砂糖，讓鍋底都鋪滿砂糖的狀態，邊搖晃鍋子讓砂糖融化。當融化到一定程度之後，放入剩下的砂糖，邊搖晃鍋子讓砂糖融化。

12
出現小小的泡泡之後，熄火。繼續邊搖晃鍋子，用餘溫加熱至出現大泡泡、呈現咖啡色的狀態為止。

13
熄火的狀態，分成數次放入鮮奶油，邊搖晃鍋子，再用攪拌匙攪拌。

POINT 因為是沸騰狀態，分次少量加入。鮮奶油如果是冰冷的狀態，容易飛濺，請務必回復至常溫備用。

CHECK!
充分攪拌至呈現深咖啡色的狀態即可。

POINT 為了讓反塔蘋果塔增添一些苦味，製作濃一點的焦糖。

14
加入 **7** 洋菜粉，用攪拌匙充分攪拌。

POINT 加入洋菜粉，藉此可以鎖住蘋果的風味。

15
將 **14** 的焦糖倒入 **10** 平底鍋，開中火，用攪拌匙邊攪拌，加熱約1分鐘至整體沸騰。熄火靜置至常溫放涼。

CHECK!
冷卻至可以在平底鍋的底部畫出一條分隔線的狀態即可。

POINT 為了保留蘋果的風味，將焦糖加入平底鍋的話，在冷卻的過程中，蘋果會更入味。

16
15 冷卻之後，從冰箱冷凍庫取出 **6** 的烤模。從烤模取下派皮麵糰，撕下烘焙紙。

17
將 **1** 裁剪的烘焙紙再鋪進 **16** 的烤模底部，倒入 **15** 的蘋果，鋪滿整體。

18
將派皮麵糰平坦的那一面朝上，放在 **17** 的蘋果上輕輕按壓。再封上保鮮膜，放入冰箱冷藏1～2小時。

19
從冰箱取出烤模，撕下保鮮膜。在烤模側面包上熱水加熱過的布巾，直到烤模和蘋果塔之間出現縫隙為止。

POINT 布巾變冷之後，再次加熱，反覆操作這個步驟。

20
將烤模放在瓶子等容器上，取下側面的烤模，在反烤蘋果塔上放大一點的盤子再倒扣。

21
沿著烤模的底部插入刀子，先取下烤模，再撕下烘焙紙。

105

不需要沙拉油
口感鬆軟有勁
台灣古早味蛋糕

運用白巧克力的油分製作，不需要使用沙拉油。
剛出爐鬆軟鬆軟的質感，冷卻之後也不會塌陷，
保持蓬鬆蓬鬆的狀態。

參考影片
看這裡！

SIDE

SECTION

美味製作訣竅

○ 台灣古早味蛋糕一般來說會使用沙拉油，這個食譜則改用白巧克力。

○ 將加熱過的巧克力液加入低筋麵粉，充分攪拌至出現黏性，蛋黃也趁著溫熱的狀態加入。

○ 不需要特別在意蛋白霜和麵糊過度攪拌，充分攪拌均勻。

材料

低筋麵粉…90g
白巧克力…40g
鮮奶油35%…130g
雞蛋…5顆
蔗糖…100g

18×18×高5cm
底部拆卸式方形烤模1個

延伸變化tips

- 白巧克力和鮮奶油都使用不含植物油的款式。
- 使用蔗糖,風味會更有層次。換成上白糖的話,甜度會更強烈,烘烤比較容易上色。

1 根據烤模的底部和側面裁剪出2片烘焙紙,再交叉鋪進烤模裡。

2 在工作台鋪上烘焙紙,再過篩撒上低筋麵粉。
POINT 這個食譜使用的粉類只有低筋麵粉,因此只需要篩一次即可。

3 將白巧克力和鮮奶油放入中耐熱調理碗,封上保鮮膜,用微波爐以600W加熱30秒3次至巧克力完全融化。
POINT 充分加熱至出現熱氣的狀態為止。

4 將蛋白放入大的玻璃製調理碗,蛋黃則放入小的玻璃製調理碗。

107

5 用打蛋器攪拌 **3**，確認充分融化之後，加入 **2** 的低筋麵粉充分攪拌。

POINT 巧克力液的溫度以 45℃ 為標準。不需要擔心過度攪拌，充分攪拌均勻。

CHECK!

攪拌至拉起麵糊會感覺到重量，濃稠落下產生痕跡的狀態即可。

POINT 趁熱加入粉類攪拌，可以做出麩質，出現黏性，麵糊烘烤後會充分膨脹。

6 加入 **4** 的蛋黃，攪拌至提起打蛋器，會滴滴答答地落下產生麵糊痕跡的狀態即可。

POINT 麵糊還是溫熱的狀態。不需要擔心過度攪拌，充分攪拌均勻。

7 烤箱以 170℃ 預熱

將砂糖加入 **4** 的蛋白調理碗，用手持攪拌機高速攪拌約 5 分鐘。

POINT 這個步驟打發的蛋白霜還是粒子比較粗，無法拉出尖角的狀態。

8 調整成中速，再攪拌約 5 分鐘，攪拌成可以拉出尖角、質地細緻的蛋白霜。

POINT 出現光澤、傾斜調理碗也不會移動的狀態即可。

9 將 **8** 的蛋白霜用攪拌匙盛兩次倒入 **6** 的調理碗裡，用打蛋器充分攪拌均勻。

POINT 2 個種類的麵糊軟硬度相近的話，比較不會失敗。

10

將 **9** 倒回 **8** 的蛋白霜裡，用攪拌匙從底部往上翻拌，拌至沒有大理石紋路的狀態為止。

CHECK!

出現光澤、舀起麵糊會滴滴答答掉落留下痕跡的狀態即可。

POINT 不需要擔心過度攪拌，充分攪拌均勻。充分攪拌比較不會失敗。

11

將麵糊緩緩倒入烤模，用2根竹籤以畫小圓的方式兩圈至整體均勻，在工作台上將烤模輕敲4～5次。

POINT 以竹籤攪拌過的話，可以烘烤出氣泡比較小又均勻、表面光滑的蛋糕。

12

將調理盤倒扣在烤盤上，放上烤模，放入烤箱。

POINT 藉著中間隔著調理盤的作法，烤模不會碰到熱水，可以從底部慢慢導熱，蛋糕表面比較不會裂開。

13

在烤盤倒入40℃以上的熱水約1cm高，以160℃隔水烘烤約55分鐘。

POINT 如果烘烤過程熱水不足的話，可以再補加。烤到蛋糕膨起至一定的高度之後，可以偶爾打開烤箱散掉蒸氣，表面比較不容易裂開，但是烘烤時間需要增加。

14

從烤箱取出烤模，脫模，撕下烘焙紙。

POINT 如果烤盤裡還有熱水殘留，只取出烤模，烤盤冷卻之後再取出比較安全。

109

懷舊扎實口感
美味喫茶店布丁

可以在懷舊的喫茶店吃到，古早風味口感扎實的布丁。
這個食譜會搭配苦一點的焦糖。
只有在家製作，才能品嘗到剛出爐的美味。

參考影片
看這裡！

SIDE

SECTION

美味製作訣竅

○ 焦糖需要煮至軟硬適中的狀態。

○ 為了做出滑順具有彈性的布丁口感，布丁液需要趁著溫熱的狀態攪拌，溫熱的狀態烘烤。

○ 為了做出滑順的口感，布丁液一定要過篩。

110

材料

焦糖
砂糖…50g
熱水… 45g

布丁液
香草莢…1/2根
牛奶… 300g
砂糖…100g
雞蛋(M～L)… 6顆

150ml的杯模4個

延伸變化tips

- 將一部分的牛奶換成鮮奶油的話,可以做出更濃醇的風味。亦可一半用豆乳取代。或是用奶茶替代。

- 將布丁液裡的砂糖一部分換成蜂蜜的話,味道會更有層次。

- ②–1可以在牛奶裡加入肉桂等香料或是1g的零陵香豆、1顆份的柳橙皮,做出不同的口味變化。

① 製作焦糖

1 鍋子開大火加熱,倒入一半份量的砂糖,可以鋪滿鍋底的程度,搖晃鍋子使砂糖融化。
POINT 大火讓鍋底都保持受熱的狀態。使用攪拌匙會導致結晶化,因此以搖晃鍋子的方式融化砂糖。

2 開始出現焦糖化上色之後,再將剩下的砂糖少量少量地加入,邊搖晃鍋子使砂糖融化。
POINT 火太大的話,可以不時離火,邊觀察狀態使砂糖焦糖化。

3 出現小小的泡泡之後,熄火,繼續搖晃鍋子,用餘溫加熱至個人喜好的顏色為止。
POINT 熄火之後,焦糖化的速度會變慢,可以根據自己的喜好調整焦糖的顏色。

4 加熱至個人喜好的顏色之後,少量少量地加入沸騰的熱水,邊搖晃鍋子混合。
POINT 一次性加入全部的熱水,焦糖會飛濺,請特別留意。做出充分釋出苦味、濃厚一點的焦糖。

5

再次開大火,用攪拌匙充分攪拌煮至呈現濃稠狀為止。

POINT 焦糖質感太稀的話,會和布丁液混在一起,因此需要稍微煮成濃稠一點的狀態。

CHECK!

NG　　OK

將焦糖倒在平面的時候,稍微會隆起、不會往下流的狀態即可。

POINT 煮得太濃稠的話,可以再倒入熱水煮。

6

趁著焦糖溫熱的狀態,用湯匙舀入杯子裡,放入冰箱冷藏使其硬化。

POINT 冷卻至用手觸摸也不會沾手的狀態為止。

② 製作布丁液

1

將香草莢直向劃開切口,取出香草籽。將牛奶、砂糖、香草莢和香草籽放入500ml容量的耐熱計量杯裡。

POINT 將香草莢也一起放入的話,香氣更佳。

2

封上兩層保鮮膜,用微波爐以600W加熱約3分鐘至完全沸騰。

POINT 加熱後靜置約5分鐘,香草的香氣會充分釋放出來。

3 烤箱以160℃預熱

將雞蛋打入中玻璃製調理碗,用打蛋器打散。

POINT 打發會產生分離的狀況,以打散的感覺攪拌即可。

112

4

用攪拌匙攪拌**2**之後,再連同香草莢倒入**3**,用打蛋器充分攪拌。

POINT 趁熱攪拌,趁熱烘烤是重點,需要盡快操作。

5

將布丁液過篩倒入另一個計量杯裡。

POINT 為了讓口感滑順,一定要過篩。使用有注入口的容器等調理碗也可以。

③ 烘烤布丁

1

將杯子放在調理盤上,平均倒入布丁液。用鋁箔紙蓋住杯口,再連同調理盤放在烤盤上,放入烤箱。

2

在調理盤裡倒入40℃以上的熱水約1cm高,再以150℃隔水烘烤60～65分鐘。

POINT 搖動杯子,表面也幾乎不會搖晃的狀態為烘烤完成的標準。

3

從烤箱取出杯子,放入冰箱冷藏約2小時冷卻。

POINT 如果調理盤裡還有熱水殘留的話,只取出杯子,調理盤冷卻後再取出,比較安全。推薦剛出爐直接食用最好吃。

4

從冰箱取出**3**,從杯子邊緣一處插入刀子至底部,沿著邊緣轉動刀子一圈。蓋上盤子倒扣,邊按壓著杯子,上下大力搖晃幾次取出布丁。

113

不需要經過一晚的靜置
可以在家快速做出的可麗露

麵糊需要靜置休息一個晚上，加上用家庭烤箱烘烤比較困難的可露麗，在這些限制之下，還是能設計出這個只要幾個小時就可以完成的食譜。當然還是烤得出表面酥脆、裡面彈牙的口感。

參考影片看這裡！

SIDE

SECTION

美味製作訣竅

○ 牛奶煮至完全沸騰，充分冷卻後再使用。

○ 為了做出酥脆彈牙兼具的口感，請以250℃的高溫烘烤。

○ 取代高價的蜜蠟，用奶油和蜂蜜塗在烤模上，可以充分釋出香氣。

○ 不使用矽膠製，使用金屬製的烤模。

材料

可麗露麵糊

無鹽奶油…20g
牛奶…500g
蔗糖…150g
低筋麵粉…140g
雞蛋(L)…2顆
蘭姆酒…50g

無鹽奶油…30g(塗抹烤模用)
蜂蜜…30g(塗抹烤模用)

金屬製可麗露烤模12個1盤

○ 將奶油(塗抹烤模用)回復至常溫備用。

延伸變化tips

● 將30g的低筋麵粉換成可可粉的話，就可以做成巧克力口味。

● 將牛奶加入香草莢、抹茶，或是奶茶，變化口味也很美味。

● 取代蘭姆酒，使用Grand Marnier或是Cognac(干邑白蘭地)也可以。

● 不加酒的話，加入和酒相同份量的牛奶。

---

1 將20g的奶油和牛奶放入鍋裡，開大火。

2 用打蛋器一邊稍微攪拌，加熱至完全沸騰。
POINT 充分沸騰之後，可以讓奶油和牛奶完全混合在一起，做出穩定的麵糊。注意不要煮到溢出。

3 準備一個放入冰水的大型玻璃製調理碗，放上離火的鍋子，用打蛋器攪拌至冷卻為止。

4 將砂糖放入另一個大型玻璃製調理碗，再過篩放入低筋麵粉。
POINT 過篩一次即OK。如果是巧克力口味，可可粉也一起過篩加入。

115

5 用打蛋器稍微攪拌均勻。

6 將雞蛋打入小玻璃製調理碗,再加入 **5** 裡,用打蛋器從中間開始一點一點地攪拌。

7 攪拌至一半程度時,加入一半份量的 **3**,再用打蛋器充分攪拌。

POINT 牛奶如果是熱的狀態會產生黏性,烘烤出來的可麗露會黏糊糊的,請務必要保持冷卻的狀態。

8 加入剩下的 **3**,用打蛋器充分攪拌。

POINT 不需要擔心過度攪拌,充分攪拌均勻。

9 加入蘭姆酒,用打蛋器攪拌混合。

POINT 加入蘭姆酒可以讓香氣更豐富。

10 將調理碗封上保鮮膜,放入冰箱冷藏2小時後,取出在常溫靜置約30分鐘。

POINT 冷卻可以讓粉類和水分相容,麵糊的質地均勻。回復常溫的話,家庭式烤箱也能充分受熱。

11 　烤箱以250℃預熱

用手在烤模裡側四處塗抹上薄薄一層奶油。

POINT 塗上奶油可以增加可麗露的光澤和香氣。

12

在烤模邊緣塗上蜂蜜。

POINT 塗上蜂蜜可以增加香氣，避免烘烤過程中結晶化的麵糊飛濺。

13

將麵糊過篩倒入計量杯裡。

POINT 過篩可以讓麵糊的狀態更穩定。

14

將麵糊平均倒入烤模約8分滿。

15

以250℃烘烤15分鐘之後，再調成200℃烘烤35分鐘。

POINT 調整烘烤溫度，可以烤出外側酥脆裡面彈牙的口感。

16

從烤箱取出烤模放在砧板上，再連同砧板上下翻轉取出可麗露。

117

放涼也很美味
爆漿熔岩巧克力

無法抗拒的熔岩巧克力，爆出滿滿的巧克力餡。
加入甘納許，即使冷掉再用微波爐加熱也能再次呈現爆漿的質感。
熱吃冷吃都超美味的一道點心。

參考影片
看這裡！

SIDE

SECTION

美味製作訣竅

○ 甘納許奶油有放入少量的雞蛋經過冷凍，和麵糊不會溶在一起，做出爆餡的口感。

○ 為了做出口感滑順的熔岩巧克力蛋糕，將奶油放至常溫軟化備用。

○ 為了做出濕潤口感的熔岩巧克力蛋糕，請用攪拌匙攪拌。

材料

直徑5.5×高4.5cm烘焙圈模8個

熔岩巧克力蛋糕
低筋麵粉…60g
杏仁粉…30g
苦味巧克力67%…120g
無鹽奶油…100g
蔗糖…120g
雞蛋(L)…3顆

○ 將奶油和雞蛋回復至常溫備用。

甘納許奶油
苦味巧克力67%…100g
鮮奶油35%…60g
蛋液…約10g（分取蛋糕材料裡的雞蛋）

長17.5×寬30cm矽膠烤模（圓柱形15個組）8個

延伸變化tips

● 可以在甘納許裡加入1g的香料或是10g個人喜好的酒。

● 放入麵糊的巧克力推薦使用可可成分65%～85%的款式。

● 烤模用瑪芬蛋糕烤模或是馬克杯也可以。

● 蛋糕體和甘納許的比例很重要，如果使用的烤模不同，甘納許的尺寸也需要跟著改變。

① 製作甘納許奶油

1 將巧克力和鮮奶油放入中型耐熱調理碗，封上保鮮膜，用微波爐以600W加熱30秒3～4次至巧克力融化的狀態為止。

2 用打蛋器從中間一點一點地攪拌。
POINT 巧克力沒有融化的話，用微波爐再加熱約30秒。

3 將1顆雞蛋打入小玻璃製調理碗，打散。將 **2** 放在計量秤上，一邊測量一邊倒入約10g的蛋液，再用打蛋器攪拌均勻。

CHECK! 攪拌至均勻、濃稠狀態即可。
POINT 放入少量的蛋液，可以讓甘納許奶油和蛋糕體不會溶在一起，做出裡面爆漿的效果。

4 將甘納許奶油填入擠花袋。
POINT 將擠花袋根據計量杯的杯口攤開，比較容易填入奶油。用攪拌匙將沾附在調理碗上的甘納許奶油都完全刮下填入。

5 將擠花袋的前端切下，擠入矽膠烤模約一半的高度（8處），放入冰箱冷凍1～2小時。
POINT 如果沒有烤模的話，可以倒入調理盤，再切成每一塊約20g使用也可以。

119

② 製作蛋糕體

1 剪出長20×寬5.5cm的長方形（側面用）和6.5cm見方的正方形（底部用）的烘焙紙，各剪出8片。
POINT 比起烘焙圈模的高度和直徑，分別剪出大1cm左右的尺寸。

2 將烤盤倒扣鋪上烘焙墊，再鋪上正方形的烘焙紙，放上烘焙圈模，再將長方形的烘焙紙捲在內側。
POINT 烘焙墊用烘焙紙取代也可以。

3 在工作台鋪上烘焙紙，再依序過篩撒上低筋麵粉、杏仁粉，讓整體混合均勻，過篩兩次。
POINT 加入杏仁粉，可以讓口味更有層次感。

4 將巧克力放入大耐熱調理碗，封上保鮮膜，用微波爐以600W加熱30秒4～5次至巧克力融化為止。
POINT 40～45℃左右為標準。

5 加入奶油，用攪拌匙攪拌。
POINT 避免巧克力結塊，一定要將奶油回復至常溫。使用融化奶油的話，會太油膩，不需要加熱。

6 加入砂糖，用攪拌匙攪拌至均勻的狀態為止。
POINT 會產生粗糙的質感，不需要在意持續攪拌。

7 加入 **3** 的粉類，用攪拌匙再次攪拌。

CHECK!
充分攪拌至均勻即可。
POINT 用打蛋器攪拌的話，會把空氣打進去，烘烤出蓬鬆的質感，為了讓蛋糕呈現出濕潤的口感，用攪拌匙攪拌。

8 將剩下的雞蛋打入①-3裝有蛋液的調理碗，打散，再分成三次，一次約1/3份量倒入 **7** 的調理碗裡，每倒入一次，用攪拌匙充分攪拌。
POINT 雞蛋務必回復至常溫。一次性全部倒入的話，不容易攪拌，分成三次。

③ 組合烘烤

CHECK!

攪拌至麵糊均勻、濃稠的狀態即可。

POINT 這個時候的溫度以30～35℃為標準。從 **5** 開始到這個步驟，用食物調理機操作也可以。

1 烤箱以170℃預熱

將熔岩巧克力麵糊填入擠花袋。

POINT 將擠花袋根據計量杯的杯口攤開，比較容易填入麵糊。用攪拌匙將沾附在調理碗的麵糊都刮下填入。

2

將擠花袋的前端剪下，用手壓著烘焙圈模使其不會移動，一邊擠入麵糊約至一半的高度。

POINT 這個步驟會留下一些麵糊，剩下的麵糊用在 **4**。

3

從冷凍庫取出①-5的矽膠烤模，取下甘納許奶油。用手壓著烘焙圈模，讓麵糊不會從底部溢出，填入甘納許奶油。

CHECK!

和麵糊保持垂直地填入，保持平整的狀態。

POINT 甘納許奶油經過冷凍，四周硬化，可以固定在中心。

4

為了蓋住甘納許奶油，在甘納許奶油上方擠一些麵糊。

5

連著烤盤放入烤箱，以160℃烘烤20～25分鐘。

POINT 如圖所示，表面出現結晶化即為烘烤完成的標準。

6

從烤箱連著烤模取出烤盤，靜置3～5分鐘，用餘溫繼續加熱。放在盤子上，取下烘焙圈模底部的烘焙紙。

7

稍微移動側面的烘焙紙之後，連著烘焙圈模和烘焙紙一起取下。

121

最高等級的簡易版
牛奶風味馬卡龍

不需要乾燥,也不需要*Macaronage,
所有需要花費時間的步驟都不需要,只需要攪拌和烘烤。
捨棄傳統作法製作而成,無法再更精簡的簡易版食譜。
當然味道是專業等級的美味。

*譯註:Macaronage 材料和蛋白混合的工序。

參考影片
看這裡!

SIDE

SECTION

美味製作訣竅

○ 為了做出馬卡龍表面光滑的質感,一邊隔水加熱做出高密度的蛋白霜。

○ 重疊2張烘焙墊,慢慢導熱。

○ 馬卡龍外殼吸收奶油內餡的水分後會變得更美味,放入冰箱冷藏保存,隔天再回復至常溫食用。

材料
直徑約4cm的馬卡龍20個

馬卡龍外殼
杏仁粉…95g
糖粉…95g
蛋白(L)…2顆份（1顆份約30g，分開備用）
砂糖…60g

甘納許奶油
牛奶…60g
白巧克力…250g

延伸變化tips

● 白巧克力使用沒有含植物油的款式。

● 砂糖以糖粉取代也可以。

● 在麵糊加入色素的話，就可以做出彩色的馬卡龍。

● 甘納許奶油可以加入牛奶、奶茶，或是1g的香料。

● 用巧克力筆做出裝飾也很可愛。

① 製作馬卡龍外殼

1 將杏仁粉、糖粉依序過篩入大玻璃製調理碗。
POINT 過篩一次即可。使用打蛋器操作，會比較方便操作。

2 加入1顆份的蛋白，用攪拌匙攪拌至呈現膏狀為止。封上保鮮膜備用。
POINT 用手觸摸也不會沾黏是攪拌完成的標準。用手攪拌也可以。

3 將1顆蛋白放入中玻璃製調理碗，再加入砂糖。

4 在另一個中玻璃製調理碗倒入60～80℃ 的熱水，再放上 **3** 的調理碗，隔水加熱用手持攪拌機高速打發，製作蛋白霜。
POINT 用熱水加溫可以更快打發。

123

CHECK!

攪拌至出現光澤、傾斜調理碗也不會移動的狀態即OK。

POINT 隔水加熱攪拌，可以緩緩導熱，打出高密度的蛋白霜，烤出光滑表面的馬卡龍。

5

將少許 **4** 的蛋白霜放入 **2** 的調理碗裡，用攪拌匙以壓開的方式充分攪拌。剩下的蛋白霜也以相同的方式少量少量地加入，每加一次就攪拌。

POINT 一次性全部加入不方便攪拌，因此分次加入。

CHECK!

麵糊和蛋白霜都是白色，不容易分辨，充分攪拌至均勻的狀態為止。

6

烤箱以150℃預熱

準備白紙、1個寶特瓶瓶蓋和1支筆，使用寶特瓶瓶蓋在紙上畫出20個圓形。

7

將烤盤倒扣，鋪上2張烘焙墊，中間夾入 **6** 的白紙。將麵糊填入裝上擠花嘴（圓形no.9）的擠花袋，在圓形中心約1cm高處不移動地一口氣擠出麵糊。

POINT 沒有烘焙墊的話，也可以在紙箱上鋪烘焙紙使用。

8

在烤盤底部輕敲4～5次，讓麵糊的表面保持平坦。再將烤盤放入烤箱，以140℃烘烤15～18分鐘。剩下的麵糊也以和 **7**～**8** 相同的方式烘烤。

POINT 低溫烘烤就不需要經過乾燥的步驟。

CHECK!

表面光滑酥脆即烘烤完成，出現Pied（裙邊，下部溢出形成蕾絲模樣的部分），輕壓內側會稍微下陷即OK。

② 製作甘納許奶油

1 將牛奶、巧克力放入中耐熱調理碗，封上保鮮膜，用微波爐以600W加熱30秒4次至巧克力融化為止。
POINT 沒有融化的話，再加熱約30秒。

2 用攪拌匙從中間開始充分攪拌。
POINT 充分攪拌至乳化濃稠、出現光澤的狀態為止。如果沒有乳化的話，冷卻之後也不會凝固。

3 倒入調理盤，攤成薄薄一層，避免乾燥密封上一層保鮮膜，放入冰箱冷藏約2小時至可以擠填的狀態為止。

③ 組合馬卡龍

1 將甘納許奶油填入另一個裝上擠花嘴（圓形No.10）的擠花袋，再將放在砧板上的馬卡龍，其中一半裡側朝下，在馬卡龍擠上奶油至稍微靠近邊緣處。

2 將沒有擠上奶油的馬卡龍和擠上奶油的馬卡龍組合在一起，剩下的也以相同方式製作。
POINT 馬卡龍會吸收奶油裡的水分，放入冰箱冷藏保存，隔天以後再回復至常溫食用。

○粉類○

● 杏仁粉
運用蛋白製作的甜點
焦化奶油費南雪 …………………… 68
只需要攪拌和烘烤
巧克力柑橘瑪芬蛋糕 ………………… 72
只需要攪拌
濕潤口感超濃郁巧克力磅蛋糕 ………… 76
可以自由變化的萬用餅乾 ……………… 92
放涼也很美味 爆漿熔岩巧克力 ……… 118
最高等級的簡易版
牛奶風味馬卡龍 …………………… 122

● 高筋麵粉
酥脆濃郁的幸福口感
生巧克力夾心餅乾 …………………… 88
可以自由變化的萬用餅乾 ……………… 92

● 玉米粉
只需要攪拌即可製成的正統口味
巴斯克起司蛋糕 …………………… 48
不使用起司
鬆軟鬆軟舒芙蕾起司蛋糕 ……………… 98

● 低筋麵粉
絕對不會失敗！最高等級的海綿蛋糕 …… 16
不需要抹面和糖漿！
最高等級的草莓奶油蛋糕 ……………… 22
不會鬆散！濕潤口感蛋糕捲 …………… 26
鬆軟鬆軟入口即化
高級巧克力奶油蛋糕 ………………… 32
只需要攪拌！不需要鮮奶油！
濃醇巧克力蛋糕 …………………… 36
不使用沙拉油！不會塌陷的戚風蛋糕 …… 40
奢華濃郁的巧克力戚風蛋糕 …………… 44
伯爵茶香十足 皇家奶茶戚風蛋糕 ……… 46
酥脆外皮和濃郁卡士達醬雙重享受
餅乾泡芙 ………………………… 56
只需要1顆雞蛋製作
剛剛出爐的瑪德蓮 …………………… 64
運用蛋白製作的甜點
焦化奶油費南雪 …………………… 68
只需要攪拌和烘烤
巧克力柑橘瑪芬蛋糕 ………………… 72
只需要攪拌
濕潤口感超濃郁巧克力磅蛋糕 ………… 76
清爽檸檬香糖霜蛋糕 ………………… 80
酥脆濃郁的幸福口感
生巧克力夾心餅乾 …………………… 88
可以自由變化的萬用餅乾 ……………… 92
不使用起司
鬆軟鬆軟舒芙蕾起司蛋糕 ……………… 98
不需要沙拉油
口感鬆軟有勁台灣古早味蛋糕 ………… 106
不需要經過一晚的靜置
可以在家快速做出的可麗露 …………… 114
放涼也很美味 爆漿熔岩巧克力 ……… 118

● 泡打粉
不使用沙拉油！不會塌陷的戚風蛋糕 …… 40
奢華濃郁的巧克力戚風蛋糕 …………… 44
伯爵茶香十足 皇家奶茶戚風蛋糕 ……… 46
只需要1顆雞蛋製作
剛剛出爐的瑪德蓮 …………………… 64
只需要攪拌和烘烤
巧克力柑橘瑪芬蛋糕 ………………… 72
只需要攪拌
濕潤口感超濃郁巧克力磅蛋糕 ………… 76
清爽檸檬香糖霜蛋糕 ………………… 80

○雞蛋○

● 全蛋
絕對不會失敗！最高等級的海綿蛋糕 …… 16
不需要抹面和糖漿！
最高等級的草莓奶油蛋糕 ……………… 22
不會鬆散！濕潤口感蛋糕捲 …………… 26
鬆軟鬆軟入口即化
高級巧克力奶油蛋糕 ………………… 32
只需要攪拌！不需要鮮奶油！
濃醇巧克力蛋糕 …………………… 36
不使用沙拉油！不會塌陷的戚風蛋糕 …… 40
奢華濃郁的巧克力戚風蛋糕 …………… 44
伯爵茶香十足 皇家奶茶戚風蛋糕 ……… 46
只需要攪拌即可製成的正統口味
巴斯克起司蛋糕 …………………… 48
酥脆外皮和濃郁卡士達醬雙重享受
餅乾泡芙 ………………………… 56
只需要1顆雞蛋製作
剛剛出爐的瑪德蓮 …………………… 64
只需要攪拌和烘烤
巧克力柑橘瑪芬蛋糕 ………………… 72
只需要攪拌
濕潤口感超濃郁巧克力磅蛋糕 ………… 76
清爽檸檬香糖霜蛋糕 ………………… 80
酥脆濃郁的幸福口感
生巧克力夾心餅乾 …………………… 88
可以自由變化的萬用餅乾 ……………… 92
不使用起司
鬆軟鬆軟舒芙蕾起司蛋糕 ……………… 98
不需要沙拉油
口感鬆軟有勁台灣古早味蛋糕 ………… 106
懷舊扎實口感 美味喫茶店布丁 ……… 110
不需要經過一晚的靜置
可以在家快速做出的可麗露 …………… 114
放涼也很美味 爆漿熔岩巧克力 ……… 118

● 蛋黃
酥脆外皮和濃郁卡士達醬雙重享受
餅乾泡芙 ………………………… 56

● 蛋白
運用蛋白製作的甜點
焦化奶油費南雪 …………………… 68
最高等級的簡易版
牛奶風味馬卡龍 …………………… 122

○乳製品○

● 牛奶
不會鬆散！濕潤口感蛋糕捲 …………… 26
鬆軟鬆軟入口即化
高級巧克力奶油蛋糕 ………………… 32
伯爵茶香十足 皇家奶茶戚風蛋糕 ……… 46
酥脆外皮和濃郁卡士達醬雙重享受
餅乾泡芙 ………………………… 56
只需要攪拌和烘烤
巧克力柑橘瑪芬蛋糕 ………………… 72
懷舊扎實口感 美味喫茶店布丁 ……… 110
不需要經過一晚的靜置
可以在家快速做出的可麗露 …………… 114
最高等級的簡易版
牛奶風味馬卡龍 …………………… 122

● 奶油起司
只需要攪拌即可製成的正統口味
巴斯克起司蛋糕 …………………… 48
輕鬆做出可愛的大理石紋路
草莓生起司蛋糕 …………………… 52

○鮮奶油35%○

絕對不會失敗！最高等級的海綿蛋糕 …… 16
不會鬆散！濕潤口感蛋糕捲 …………… 26
鬆軟鬆軟入口即化
高級巧克力奶油蛋糕 ………………… 32
只需要攪拌即可製成的正統口味
巴斯克起司蛋糕 …………………… 48
輕鬆做出可愛的大理石紋路
草莓生起司蛋糕 …………………… 52
酥脆外皮和濃郁卡士達醬雙重享受
餅乾泡芙 ………………………… 56
只需要3種材料 超正統松露巧克力 …… 84
酥脆濃郁的幸福口感
生巧克力夾心餅乾 …………………… 88
不需要烤箱。超快速製成
絕品反烤蘋果塔 …………………… 102
不需要沙拉油
口感鬆軟有勁台灣古早味蛋糕 ………… 106
放涼也很美味 爆漿熔岩巧克力 ……… 118

● 鮮奶油47%
不需要抹面和糖漿！
最高等級的草莓奶油蛋糕 ……………… 22

● 無鹽奶油
絕對不會失敗！最高等級的海綿蛋糕 …… 16
不需要抹面和糖漿！
最高等級的草莓奶油蛋糕 ……………… 22
鬆軟鬆軟入口即化
高級巧克力奶油蛋糕 ………………… 32
只需要攪拌！不需要鮮奶油！
濃醇巧克力蛋糕 …………………… 36
只需要攪拌即可製成的正統口味
巴斯克起司蛋糕 …………………… 48
酥脆外皮和濃郁卡士達醬雙重享受
餅乾泡芙 ………………………… 56
只需要1顆雞蛋製作
剛剛出爐的瑪德蓮 …………………… 64
運用蛋白製作的甜點
焦化奶油費南雪 …………………… 68
只需要攪拌和烘烤
巧克力柑橘瑪芬蛋糕 ………………… 72
只需要攪拌
濕潤口感超濃郁巧克力磅蛋糕 ………… 76
清爽檸檬香糖霜蛋糕 ………………… 80
酥脆濃郁的幸福口感
生巧克力夾心餅乾 …………………… 88
可以自由變化的萬用餅乾 ……………… 92
不需要烤箱。超快速製成
絕品反烤蘋果塔 …………………… 102
不需要經過一晚的靜置
可以在家快速做出的可麗露 …………… 114
放涼也很美味 爆漿熔岩巧克力 ……… 118

● 優格（無糖）
只需要攪拌即可製成的正統口味
巴斯克起司蛋糕 …………………… 48
不使用起司
鬆軟鬆軟舒芙蕾起司蛋糕 ……………… 98

○巧克力・可可粉○

● 可可粉
鬆軟鬆軟入口即化
高級巧克力奶油蛋糕 ………………… 32
奢華濃郁的巧克力戚風蛋糕 …………… 44
只需要3種材料 超正統松露巧克力 …… 84
酥脆濃郁的幸福口感
生巧克力夾心餅乾 …………………… 88

● **苦味巧克力 67%**
鬆軟鬆軟入口即化
高級巧克力奶油蛋糕 …………………… 32
只需要攪拌！不需要鮮奶油！
濃醇巧克力蛋糕 ………………………… 36
只需要攪拌和烘烤
巧克力柑橘瑪芬蛋糕 …………………… 72
只需要攪拌
濕潤口感超濃郁巧克力磅蛋糕 ………… 76
酥脆濃郁的幸福口感
生巧克力夾心餅乾 ……………………… 88
放涼也很美味　爆漿熔岩巧克力 ……… 118

● **苦味巧克力 70%**
奢華濃郁的巧克力戚風蛋糕 …………… 44

● **白巧克力**
不會鬆散！濕潤口感蛋糕捲 …………… 26
不使用沙拉油！不會塌陷的戚風蛋糕 … 40
不需要沙拉油
口感鬆軟有勁台灣古早味蛋糕 ………… 106
最高等級的簡易版
牛奶風味馬卡龍 ………………………… 122

● **牛奶巧克力 41%**
伯爵茶香十足　皇家奶茶戚風蛋糕 …… 46
只需要攪拌
濕潤口感超濃郁巧克力磅蛋糕 ………… 76
只需要3種材料　超正統松露巧克力 … 84

。○ **水果** ○。

● **草莓**
不需要抹面和糖漿！
最高等級的草莓奶油蛋糕 ……………… 22
輕鬆做出可愛的大理石紋路
草莓生起司蛋糕 ………………………… 52

● **柳橙皮**
只需要攪拌和烘烤
巧克力柑橘瑪芬蛋糕 …………………… 72

● **覆盆子 (冷凍)**
只需要攪拌即可製成的正統口味
巴斯克起司蛋糕 ………………………… 48

● **蘋果**
不需要烤箱。超快速製成
絕品反烤蘋果塔 ………………………… 102

● **檸檬汁**
只需要攪拌即可製成的正統口味
巴斯克起司蛋糕 ………………………… 48
清爽檸檬香糖霜蛋糕 …………………… 80

● **檸檬皮**
只需要攪拌即可製成的正統口味
巴斯克起司蛋糕 ………………………… 48
清爽檸檬香糖霜蛋糕 …………………… 80

。○ **糖類** ○。

● **蔗糖**
不使用沙拉油！不會塌陷的戚風蛋糕 … 40
奢華濃郁的巧克力戚風蛋糕 …………… 44
伯爵茶香十足　皇家奶茶戚風蛋糕 …… 46
輕鬆做出可愛的大理石紋路
草莓生起司蛋糕 ………………………… 52
只需要1顆雞蛋製作
剛剛出爐的瑪德蓮 ……………………… 64
運用蛋白製作的甜點
焦化奶油費南雪 ………………………… 68
不需要沙拉油
口感鬆軟有勁台灣古早味蛋糕 ………… 106

不需要經過一晚的靜置
可以在家快速做出的可麗露 …………… 114
放涼也很美味　爆漿熔岩巧克力 ……… 118

● **砂糖**
絕對不會失敗！最高等級的海綿蛋糕 … 16
讓甜點層次升級！鮮奶油的打發方法 … 20
不需要抹面和糖漿！
最高等級的草莓奶油蛋糕 ……………… 22
鬆軟鬆軟入口即化
高級巧克力奶油蛋糕 …………………… 32
只需要攪拌！不需要鮮奶油！
濃醇巧克力蛋糕 ………………………… 36
只需要攪拌即可製成的正統口味
巴斯克起司蛋糕 ………………………… 48
酥脆外皮和濃郁卡士達醬雙重享受
餅乾泡芙 ………………………………… 56
只需要攪拌和烘烤
巧克力柑橘瑪芬蛋糕 …………………… 72
清爽檸檬香糖霜蛋糕 …………………… 80
不使用起司
鬆鬆軟軟舒芙蕾起司蛋糕 ……………… 98
不需要烤箱。超快速製成
絕品反烤蘋果塔 ………………………… 102
懷舊扎實口感　美味喫茶店布丁 ……… 110
最高等級的簡易版
牛奶風味馬卡龍 ………………………… 122

● **上白糖**
不會鬆散！濕潤口感蛋糕捲 …………… 26
只需要攪拌
濕潤口感超濃郁巧克力磅蛋糕 ………… 76

● **紅糖**
酥脆外皮和濃郁卡士達醬雙重享受
餅乾泡芙 ………………………………… 56

● **糖粉**
只需要攪拌！不需要鮮奶油！
濃醇巧克力蛋糕 ………………………… 36
只需要攪拌即可製成的正統口味
巴斯克起司蛋糕 ………………………… 48
酥脆外皮和濃郁卡士達醬雙重享受
餅乾泡芙 ………………………………… 56
清爽檸檬香糖霜蛋糕 …………………… 80
酥脆濃郁的幸福口感
生巧克力夾心餅乾 ……………………… 88
可以自由變化的萬用餅乾 ……………… 92
最高等級的簡易版
牛奶風味馬卡龍 ………………………… 122

。○ **其它** ○。

● **伯爵茶葉**
伯爵茶香十足　皇家奶茶戚風蛋糕 …… 46

● **糖漬柳橙皮**
只需要攪拌和烘烤
巧克力柑橘瑪芬蛋糕 …………………… 72

● **洋菜粉**
輕鬆做出可愛的大理石紋路
草莓生起司蛋糕 ………………………… 52
不需要烤箱。超快速製成
絕品反烤蘋果塔 ………………………… 102

● **鹽**
酥脆外皮和濃郁卡士達醬雙重享受
餅乾泡芙 ………………………………… 56
可以自由變化的萬用餅乾 ……………… 92

● **派皮 (市售品)**
不需要烤箱。超快速製成
絕品反烤蘋果塔 ………………………… 102

● **蜂蜜**
只需要1顆雞蛋製作
剛剛出爐的瑪德蓮 ……………………… 64
不需要烤箱。超快速製成
絕品反烤蘋果塔 ………………………… 102
不需要經過一晚的靜置
可以在家快速做出的可麗露 …………… 114

● **香草莢**
酥脆外皮和濃郁卡士達醬雙重享受
餅乾泡芙 ………………………………… 56
懷舊扎實口感　美味喫茶店布丁 ……… 110

● **餅乾 (市售品)**
只需要攪拌即可的正統口味
巴斯克起司蛋糕 ………………………… 48
輕鬆做出可愛的大理石紋路
草莓生起司蛋糕 ………………………… 52

● **水飴**
不會鬆散！濕潤口感蛋糕捲 …………… 26
鬆軟鬆軟入口即化
高級巧克力奶油蛋糕 …………………… 32

● **蘭姆酒**
奢華濃郁的巧克力戚風蛋糕 …………… 44
不需要經過一晚的靜置
可以在家快速做出的可麗露 …………… 114

江口和明令人無法抗拒的美味甜點課
日本人氣甜點主廚傳授的獨家秘訣，新手也能做出經典甜點

作　　者	江口和明
譯　　者	J.J.Chien
企劃編輯	黃文慧
責任編輯	J.J.Chien
封面設計	Rika Su
內文排版	J.J.Chien

出　　版	晴好出版事業有限公司
總編輯	黃文慧
副總編輯	鍾宜君
編　　輯	胡雯琳
行銷企劃	吳孟蓉
地　　址	104027 台北市中山區中山北路三段 36 巷 10 號 4 樓
網　　址	https://www.facebook.com/QinghaoBook
電子信箱	Qinghaobook@gmail.com
電　　話	(02) 2516-6892
傳　　真	(02) 2516-6891

發　　行	遠足文化事業股份有限公司（讀書共和國出版集團）
地　　址	231023 新北市新店區民權路 108-2 號 9 樓
電　　話	(02) 2218-1417
傳　　真	(02) 2218-1142
電子信箱	service@bookrep.com.tw
郵政帳號	19504465（戶名：遠足文化事業股份有限公司）
客服電話	0800-221-029
團體訂購	02-2218-1717 分機 1124
網　　址	www.bookrep.com.tw
法律顧問	華洋法律事務所 / 蘇文生律師
印　　製	凱林印刷
初版一刷	2024 年 8 月
定　　價	420 元
ISBN	978-626-7396-98-8
EISBN(PDF)	978-626-7396-94-0
ISBN(EPUB)	978-626-7396-95-7

版權所有，翻印必究

特別聲明：有關本書中的言論內容，不代表本公司及出版集團之立場及意見，文責由作者自行承擔。

日文版製作團隊

調理助理	大森美穗（DEL'IMMO）
攝　　影	柿崎真子
食物造型	青木夕子
書籍裝幀	Barber
內文設計	五十嵐ユミ
文字構成	鶴留聖代
校　　對	東京出版サービスセンター
編　　輯	森摩耶 川上隆子（ワニブックス）

國家圖書館出版品預行編目(CIP)資料

江口和明令人無法抗拒的美味甜點主廚傳授的獨家秘訣，新手也能做出經典甜點/江口和明著；J.J. Chien譯. -- 初版. -- 臺北市：晴好出版事業有限公司，2024.08
128面； 19×26公分
ISBN 978-626-7396-98-8(平裝)
1.CST: 點心食譜

427.16　　　　　　　　　　113009424

TONDEMONAI OKASHIZUKURI by Kazuaki Eguchi
Copyright © Kazuaki Eguchi, 2022 All rights reserved.
Original Japanese edition published by WANI BOOKS CO., LTD
Traditional Chinese translation copyright © 2024 by GingHao Publishing Co., Ltd. This Traditional Chinese edition published by arrangement with WANI BOOKS CO., LTD, Tokyo, through Office Sakai and Keio Cultural Enterprise Co., Ltd.